“十四五”职业教育国家规划教材

# Java语言程序设计实验及实训指导

第四版

新世纪高职高专教材编审委员会 组编
主 编 迟 勇 罗桂琼
副主编 赵景晖 代田凤

大连理工大学出版社

**图书在版编目(CIP)数据**

Java 语言程序设计实验及实训指导 / 迟勇，罗桂琼主编. -- 4 版. -- 大连 ：大连理工大学出版社，2021.8 (2024.1 重印)
新世纪高职高专软件专业系列规划教材
ISBN 978-7-5685-3080-4

Ⅰ. ①J… Ⅱ. ①迟… ②罗… Ⅲ. ①JAVA 语言－程序设计－高等职业教育－教学参考资料 Ⅳ. ①TP312.8

中国版本图书馆 CIP 数据核字(2021)第 126661 号

大连理工大学出版社出版
地址:大连市软件园路 80 号　邮政编码:116023
发行:0411-84708842　邮购:0411-84708943　传真:0411-84701466
E-mail:dutp@dutp.cn　URL:https://www.dutp.cn
大连永盛印业有限公司印刷　　大连理工大学出版社发行

幅面尺寸:185mm×260mm　印张:13.5　字数:312 千字
2008 年 10 月第 1 版　　2021 年 8 月第 4 版
2024 年 1 月第 3 次印刷

责任编辑:高智银　　责任校对:李　红
封面设计:张　莹

ISBN 978-7-5685-3080-4　　定　价:37.80 元

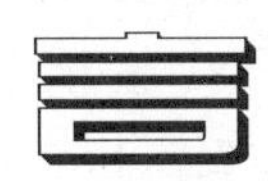

# 前　言

《Java语言程序设计实验及实训指导》(第四版)是“十四五”职业教育国家规划教材、“十三五”职业教育国家规划教材,也是新世纪高职高专教材编审委员会组编的软件专业系列规划教材之一。本教材是《Java语言程序设计》(第四版)理论教材的配套实践教材。

党的二十大报告中指出,科技是第一生产力、人才是第一资源、创新是第一动力。大国工匠和高技能人才作为人才强国战略的重要组成部分,在现代化国家建设中起着重要的作用。为办好人民满意的教育,培养高质量的创新型人才,需要深化教育领域综合改革,加强教材建设和管理,完善学校管理和教育评价体系,健全学校家庭社会育人机制。一套理实结合,学以致用,过程控制评价和以成果为导向的教学参考书,是培养出合格的软件技术领域高技能人才的根本。并且在所有的教学单元中加入了深度融合的思政案例和探究式学习任务,使学生在学习中潜移默化地实现职业素质的提升,以响应教育部提出的“铸魂育人”和以学生为中心“发展长期职业规划素养”的要求。

软件编程技术不仅仅是一门理论学科,也是一门操作艺术。一套好的教材是“教有其效、学有所成”的保证,软件技术课程的“教与学”的关键在于技能训练与理论教学的合理结合,这也充分突出了技能型人才培养目标在计算机教育中的关键地位。编者凭借多年的教学经验及对国内软件技术行业优秀培训教程的理解编写了本套集理论与实践于一体的教材。

本教材分为实验指导和实训指导两部分。实验指导部分的设计以任务驱动为主,为了体现教学方法的多样性并提高教学效果,又分为实验操作、多媒体演示、扩展知识指导等环节。实训指导部分则采用了案例贯穿和项目整合的方式,突出了开发工具使用技能及行业知识扩展等相关职业素质的培养。

本教材针对一些Java初学者在学习中容易出现的错误和对概念的误解(如Java编译和运行环境的配置、多态的实现及其意义、包的应用和JDBC的应用等)做了重点介绍。针对学习中的一些操作难点,制作了微课视频进行讲解。

本教材是《Java语言程序设计》(第四版)理论教材的扩展，因此很多实例都扩展自理论教材，读者可参考阅读，将会达到更好的效果。

本教材依据高职高专院校的Java课程教学大纲编写。主要内容有开发基本的Java程序、Java数据类型、运算符与表达式、流程控制、面向对象的编程思想、类的高级特性和包、数组与字符串、异常处理、GUI界面设计、Swing组件GUI设计、事件处理、Applet与绘图、I/O技术与文件管理、多线程的使用、网络通信、数据库访问等。

在实践教学中，编者提倡讲授本课程的教师尽可能多地使用演示机，通过演示程序和操作实例来讲解，在实验室中可以搭建服务器，为学生提供在线的课外资料和考试自测系统。

与理论教材类似，在本教材也包含了一些需要读者特殊思考的主题，编者用类似的图标标示出来，例如：

**指导：** 教师指导。

**练习：** 动手练习。

**注意：** 提示、经验、教训或应避免的误区。

**扩展：** 课外阅读。

注意辨认这些图标，将有利于您更好地使用本教材。

建议课时分配：本教材中每节实践课参考课时假定为2学时(共90分钟)，实际授课时可自行适当扩展。建议实践课总课时量(不含实训指导课时)应不低于整体课时量的50%。

本教材由辽宁机电职业技术学院迟勇、湖南网络工程职业学院罗桂琼任主编，辽宁机电职业技术学院赵景晖、代田凤任副主编，美冠世纪(北京)传媒有限公司董策和作业帮教育科技(北京)有限公司彭启明参与编写。其中，实践一、实践十六、实践十七、阶段性项目、综合实训及附录部分由迟勇编写，实践二～实践六由罗桂琼编写，实践七～实践九由赵景晖编写，实践十～实践十五由代田凤编写，董策参与编写阶段性项目，彭启明参与编写综合实训。

尽管我们在本教材的编写方面做了很多努力，但由于编者水平有限，不当之处在所难免，恳请各位读者批评指正，并将意见和建议及时反馈给我们，以便下次修订时改进。

**编　者**

所有意见和建议请发往：dutpgz@163.com
欢迎访问职教数字化服务平台：https://www.dutp.cn/sve/
联系电话：0411-84706671　84707492

**实践一　开发基本的 Java 程序** …… 1

第一部分　本次上机目标 …… 1

第二部分　上机实践 …… 1

第三部分　单元练习 …… 8

**实践二　Java 数据类型** …… 9

第一部分　本次上机目标 …… 9

第二部分　上机实践 …… 9

第三部分　单元练习 …… 14

**实践三　运算符与表达式** …… 15

第一部分　本次上机目标 …… 15

第二部分　上机实践 …… 15

第三部分　单元练习 …… 21

**实践四　流程控制** …… 22

第一部分　本次上机目标 …… 22

第二部分　上机实践 …… 22

第三部分　单元练习 …… 29

**实践五　面向对象的编程思想(一)** …… 30

第一部分　本次上机目标 …… 30

第二部分　上机实践 …… 30

第三部分　单元练习 …… 35

**实践六　面向对象的编程思想(二)** …… 36

第一部分　本次上机目标 …… 36

第二部分　上机实践 …… 36

第三部分　单元练习 …… 45

**实践七　类的高级特性和包** …… 46

第一部分　本次上机目标 …… 46

第二部分　上机实践 …… 46

第三部分　单元练习 …… 56

**实践八　数组与字符串** ………… 58
第一部分　本次上机目标 ………… 58
第二部分　上机实践 ………… 58
第三部分　单元练习 ………… 64

**实践九　异常处理** ………… 65
第一部分　本次上机目标 ………… 65
第二部分　上机实践 ………… 65
第三部分　单元练习 ………… 69

**实践十　GUI界面设计** ………… 71
第一部分　本次上机目标 ………… 71
第二部分　上机实践 ………… 71
第三部分　单元练习 ………… 78

**实践十一　Swing组件GUI设计** ………… 79
第一部分　本次上机目标 ………… 79
第二部分　上机实践 ………… 79
第三部分　单元练习 ………… 82

**实践十二　事件处理** ………… 83
第一部分　本次上机目标 ………… 83
第二部分　上机实践 ………… 83
第三部分　单元练习 ………… 88

**实践十三　Applet与绘图** ………… 89
第一部分　本次上机目标 ………… 89
第二部分　上机实践 ………… 89
第三部分　单元练习 ………… 95

**实践十四　I/O技术与文件管理** ………… 96
第一部分　本次上机目标 ………… 96
第二部分　上机实践 ………… 96
第三部分　单元练习 ………… 102

**实践十五　多线程的使用** ………… 104
第一部分　本次上机目标 ………… 104
第二部分　上机实践 ………… 104
第三部分　单元练习 ………… 111

实践十六　网络通信 …… 113
第一部分　本次上机目标 …… 113
第二部分　上机实践 …… 113
第三部分　单元练习 …… 119
实践十七　数据库访问 …… 120
第一部分　本次上机目标 …… 120
第二部分　上机实践 …… 120
第三部分　单元练习 …… 127
阶段性项目一　户外店货品购销存系统——模拟登录系统的实现 …… 128
第一部分　需求描述 …… 128
第二部分　开发环境 …… 129
第三部分　技能目标 …… 129
第四部分　系统设计分析 …… 130
第五部分　推荐实现步骤 …… 131
第六部分　课时安排 …… 136
阶段性项目二　户外店货品购销存系统——功能分析与界面设计(一) …… 137
第一部分　需求描述 …… 137
第二部分　开发环境 …… 138
第三部分　技能目标 …… 139
第四部分　系统设计分析 …… 139
第五部分　推荐实现步骤 …… 140
第六部分　课时安排 …… 143
阶段性项目三　户外店货品购销存系统——功能分析与界面设计(二) …… 144
第一部分　需求分析 …… 144
第二部分　开发环境 …… 145
第三部分　技能目标 …… 145
第四部分　系统设计分析 …… 145
第五部分　推荐实现步骤 …… 147
第六部分　课时安排 …… 152
综合实训　户外店货品购销存系统——重构系统构架与完善 …… 153
第一部分　需求分析 …… 153
第二部分　开发环境 …… 153
第三部分　技能目标 …… 153

第四部分 系统设计分析 …… 153
第五部分 推荐实现步骤 …… 162
第六部分 课时安排 …… 162

**参考文献** …… 163

**附录一 使用 JavaDoc 工具制作开发文档** …… 164
1.1 Java API Document 与 JavaDoc 工具 …… 164
1.2 Java API Document 的格式 …… 166

**附录二 Java 开发工具的使用** …… 171
2.1 Java 开发工具的种类 …… 171
2.2 使用 JDK＋EditPlus 开发 Java 程序 …… 171
2.3 使用 JDK＋JCreator 开发 Java 程序 …… 176

**附录三 Java 编译与运行时常见错误解析** …… 187

**附录四 Java 编程风格** …… 189
4.1 为什么编码要有规范 …… 189
4.2 Java 代码命名规范 …… 189
4.3 Java 编程风格简述 …… 190

**附录五 Eclipse 与 WindowBuilder Pro 插件的下载与安装** …… 193
5.1 Eclipse 简介 …… 193
5.2 Eclipse 的下载与安装 …… 194
5.3 WindowBuilder Pro 插件简介与安装 …… 195

**附录六 Log4j2 的使用** …… 199
6.1 Log4j2 简介与下载和配置方法 …… 199
6.2 使用 Log4j2 将异常信息写入日志 …… 200

**附录七 使用 JUnit 进行单元测试** …… 203

**附录八 理论教材课后选择题答案** …… 207

# 实践一　开发基本的Java程序

（练习时间：共 90 分钟）

## 第一部分　本次上机目标

**本次上机任务：**

任务一：练习 DOS 命令(20 分钟)

- 了解基本 DOS 命令的操作
- 使用 DOS 命令建立目录

任务二：配置环境变量，编辑、编译与运行 Java 程序(60 分钟)

- 了解环境变量的配置
- 使用记事本编辑 HelloWorld.java 程序，并编译运行
- 安装并练习使用 EditPlus 编辑 Java Application 和 Applet 源程序

任务三：学习制作 JavaDoc 文档(10 分钟)

- 理解 JavaDoc 文档的使用意义和制作方法
- 学习生成 JavaDoc 文档

**应掌握的技能点：**

- 了解 DOS 命令及其操作
- 掌握编辑和运行 Java Application 和 Applet 的方法
- 理解 JavaDoc 的使用意义和制作方法

## 第二部分　上机实践

**任务一：DOS 命令简介(20 分钟)**

**指导**(10 分钟)：基本 DOS 命令的操作。

(1)启动控制台

启动方法：单击 Windows“开始”按钮，执行“运行”命令，在文本框中输入“cmd”，确定即可启动控制台。

(2)目录列表

命令格式：DOS 提示符>dir (命令都以回车键结束)

命令功能：可以显示当前目录的所有信息(当前目录就是 DOS 提示符中的目录)

命令示例：

```
DOS 提示符>dir                //显示当前目录的所有信息
DOS 提示符>dir /p             //分页显示当前目录的所有信息
```

DOS 提示符>dir /s /p　　　　　　//分页显示当前目录及子目录的所有信息

DOS 提示符>dir C:\myjava　　　　//显示 C:\myjava 目录的所有信息

DOS 提示符>dir /?　　　　　　　//显示 dir 命令的所有选项帮助信息

(3)切换盘符

命令格式:DOS 提示符>[盘符号:]

命令功能:可以切换到其他逻辑硬盘盘符

命令示例:

C:\>D:　　　　　　//由 C:\切换到 D:

(4)建立目录

命令格式:DOS 提示符>md 路径

命令功能:可以建立指定路径的目录

命令示例:

C:\>md myjava　　　　//在 C:\下建立名为"myjava"的目录

(5)切换目录

命令格式:DOS 提示符>cd 路径　　　　　　//切换到指定路径的目录

命令功能:可以切换到其他指定路径的目录

命令示例:

C:\>cd myjava　　　　　//切换到 C:\下的 myjava 目录

C:\myjava>cd ..　　　　//切换到 C:\myjava 目录的上一级目录

C:\myjava>cd\　　　　　//切换到 C:\根目录

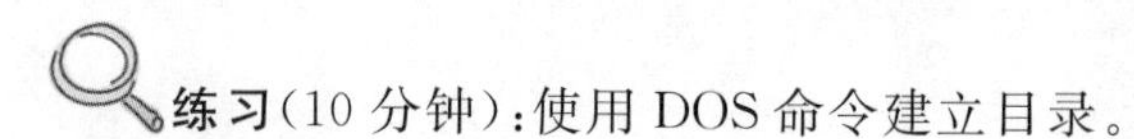

**练习**(10 分钟):使用 DOS 命令建立目录。

**设计题目:**在 C:\根目录下建立 myjava 目录,在 D:\根目录下建立 test 目录。

**设计提示:**使用 cd 命令切换目录,使用 md 命令建立目录,使用 dir 命令查询当前目录信息。

**任务二:配置环境变量,编辑、编译与运行 Java 程序(60 分钟)**

**指导**(20 分钟):环境变量的配置,使用记事本编辑 Java 源程序、编译与运行 Java 程序。

(1)环境变量的配置

在控制台上,为保证识别源文件和类库,以及运行 Java 的编译和运行工具,需要配置的环境变量至少有如下两条:

- path 变量
- classpath 变量

配置方法:以 Windows 10 系统上安装 JDK 1.8 为例,假设安装目录为:C:\Program Files\Java\jdk1.8.0_121。打开"计算机"属性,选择"高级系统设置",选择"高级"选项卡,然后单击【环境变量】按钮,在打开的对话框中选择"系统变量"中的相应变量,然后在"变量值"字符串末尾加入分号,再加入相应的值,如图 1-1 所示。

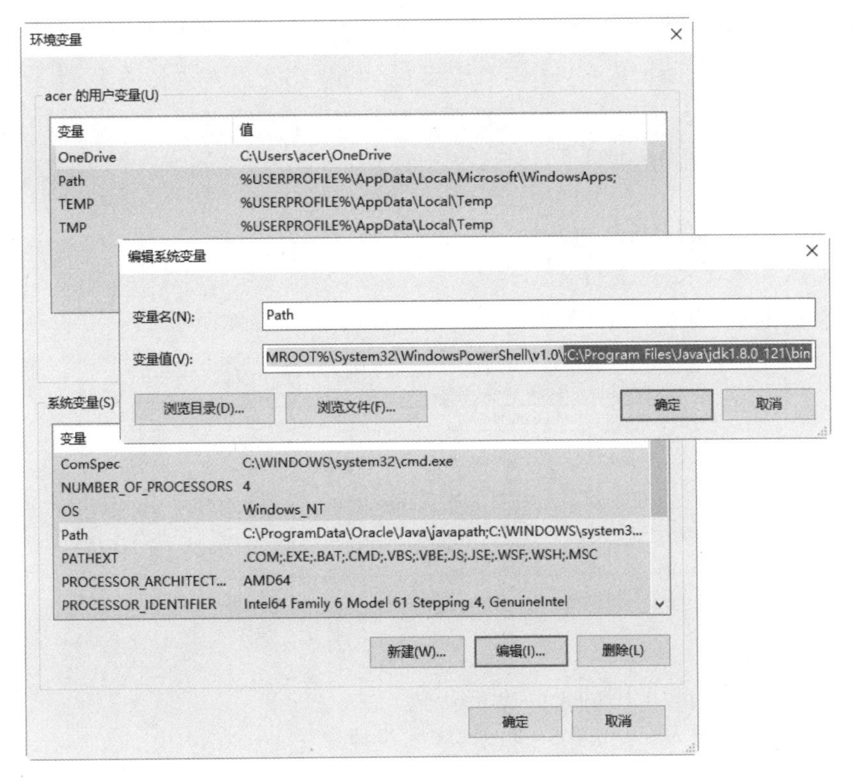


图 1-1　环境变量配置界面

具体内容如下：

①配置 path 变量值：

C:\Program Files\Java\jdk1.8.0_121\bin

②配置 classpath 变量值：

.；C:\Program Files\Java\jdk1.8.0_121\lib ；C:\Program Files\Java\jdk1.8.0_121\jre\lib；……

也可以指明要引用的类库，如下配置：

.；C:\Program Files\Java\jdk1.8.0_121\lib\tools.jar ；C:\Program Files\Java\jdk1.8.0_121\lib\dt.jar ；C:\Program Files\Java\jdk1.8.0_121\jre\lib\rt.jar ；……

如图 1-2 所示。

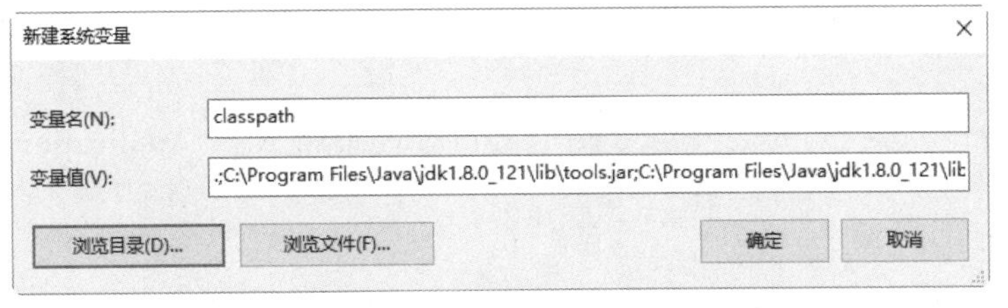


图 1-2　classpath 变量的配置

**注意：**

➢ 不要删除以前的环境变量值，应该用分号“;”将各个变量字符串值分隔开。

➢ 如果在“环境变量”窗口中没有 classpath 变量，可以单击【新建】按钮新建一个。

➢ 不要忘记 classpath 变量字符串值前面的句点“.”，这个句点至关重要。

➢ 要开发和运行本书应用实例，必须至少配置如下两个类库：

.;C:\Program Files\Java\jdk1.8.0_121\lib\tools.jar;C:\Program Files\Java\jdk1.8.0_121\jre\lib\rt.jar

(2)使用记事本编辑 Java 源程序

①在 C:\下建立 myjava 目录。

②打开记事本，输入 HelloWorld.java 的源代码，如图 1-3 所示。

HelloWorld.java - 记事本

文件(F)　编辑(E)　格式(O)　帮助(H)

```
public class HelloWorld
{
        public static void main(String[] args)
        {
                System.out.println("Hello World!");
        }
}
```

图 1-3　HelloWorld.java 源代码

(3)编译与运行 Java 程序

①配置环境变量 path 和 classpath。

②启动控制台，进入 C:\myjava 目录，输入编译命令：

C:\myjava>javac HelloWorld.java

③输入解释运行命令：

C:\myjava>java HelloWorld

④得到运行结果，如图 1-4 所示。

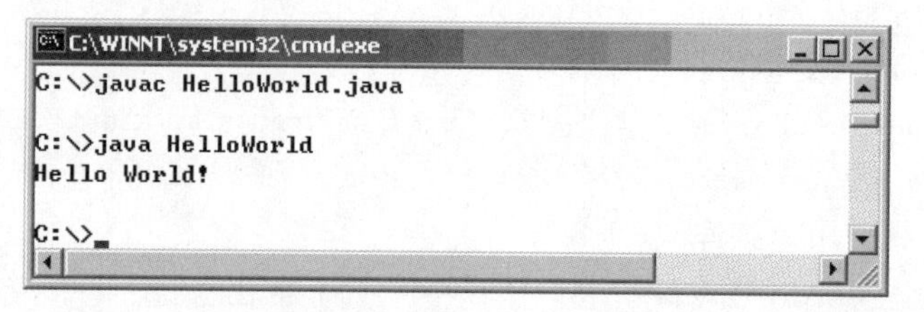


图 1-4　HelloWorld.java 运行结果

**练习**(20 分钟)：使用记事本编辑 HelloWorld.java 程序，并编译运行。

**指导**(10 分钟)：安装并练习使用 EditPlus 编辑 Java Application 和 Applet 源程序。

(1)安装 EditPlus

①运行安装文件，全部选择默认值，直到安装完毕。

②运行 EditPlus 时可单击“评估”按钮进入。

(2)使用 EditPlus 编辑 Java Application

①启动 EditPlus，进入界面后单击工具栏中的“new”按钮，在下级菜单中选择“Java”

文件类型，新建一个.java 文件，可以看到样例文件，如图 1-5 所示。

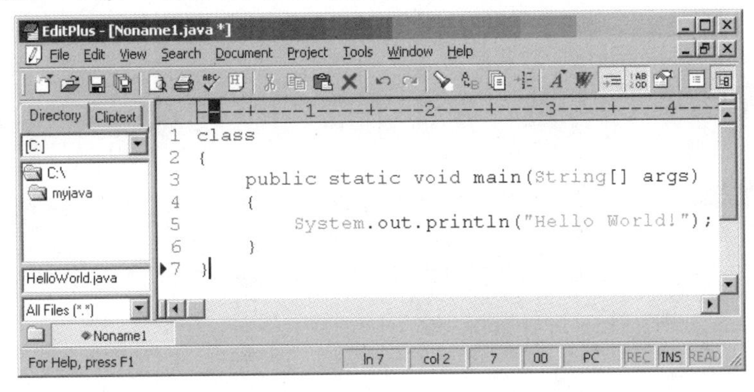

图 1-5　EditPlus 中的 Application 源代码模板

②编辑修改样例文件源代码，类名为“HelloEditplus”，如图 1-6 所示。

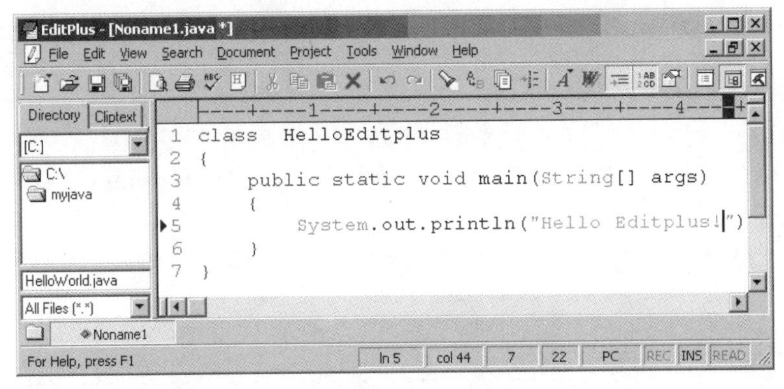

图 1-6　编辑修改样例文件源代码

③然后单击“保存”按钮，在“另存为”对话框中输入要保存的文件名：HelloEditplus.java，然后将其保存到前面建立好的 C:\myjava 目录中，如图 1-7 所示。接下来编译和运行即可(请参考前面的步骤)。

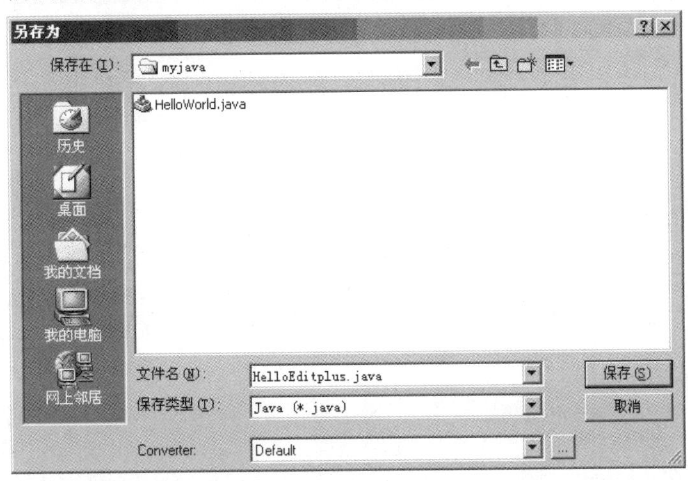

图 1-7　“另存为”对话框

(3)使用 EditPlus 编辑 Applet

①方法同上,先在 EditPlus 界面中单击工具栏中的“new”按钮,在下级菜单中选择“Java”文件类型,新建一个. java 文件。

②然后编辑此源文件为 Applet 格式文件,类名为“HelloApplet”,如图 1-8 所示(注意:HelloApplet 类一定为 public)。

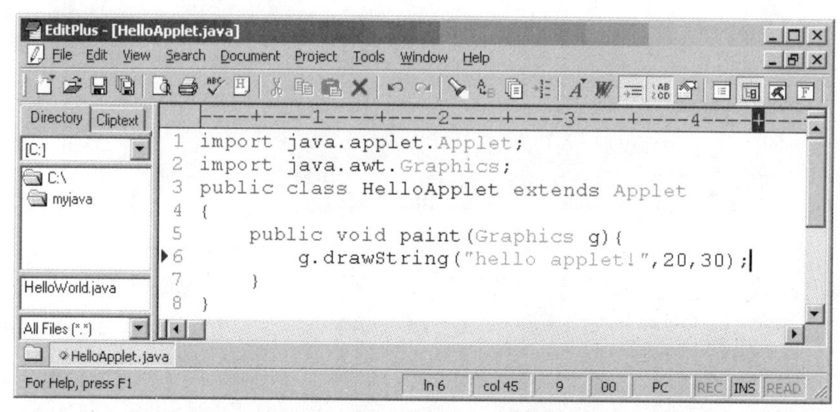


图 1-8 编辑源文件为 Applet 格式文件

③将其保存在 C:\myjava 目录中,编译并生成 HelloApplet. class 文件(请参考前面的步骤),目录中文件如图 1-9 所示。

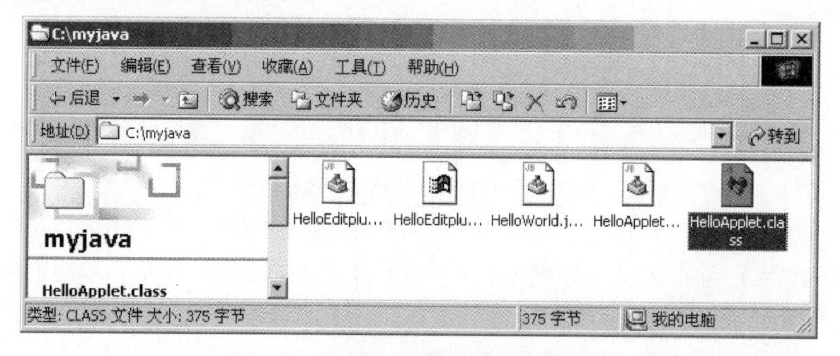


图 1-9 目录中 HelloApplet. class 文件

④在 EditPlus 界面中单击工具栏中的“new”按钮,在下级菜单中选择“HTML Page”文件类型,新建一个. html 文件,并在页面中输入调用 Applet 的类文件的 HTML 文件代码,如图 1-10 所示。

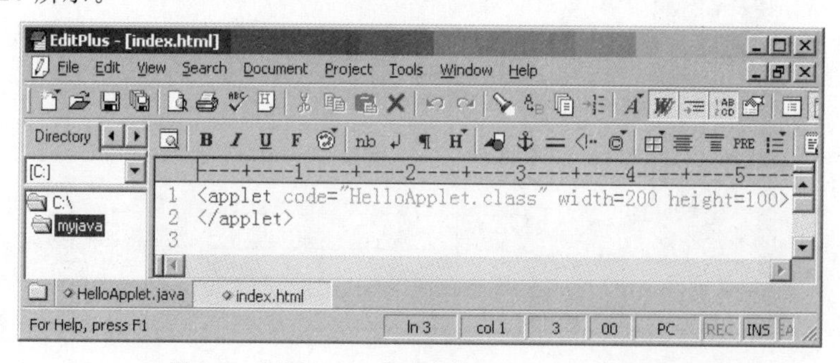


图 1-10 调用 Applet 的类文件的 HTML 文件代码

⑤在控制台中运行 appletviewer 工具执行 index. html 文件，可以看到结果，如图 1-11 和图 1-12 所示。

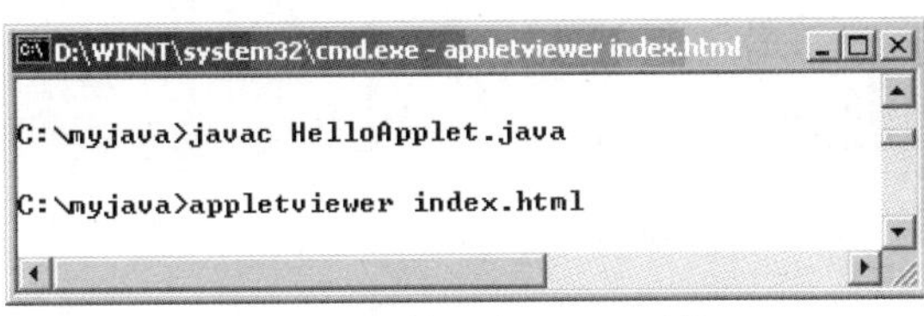

图 1-11　运行 appletviewer 工具

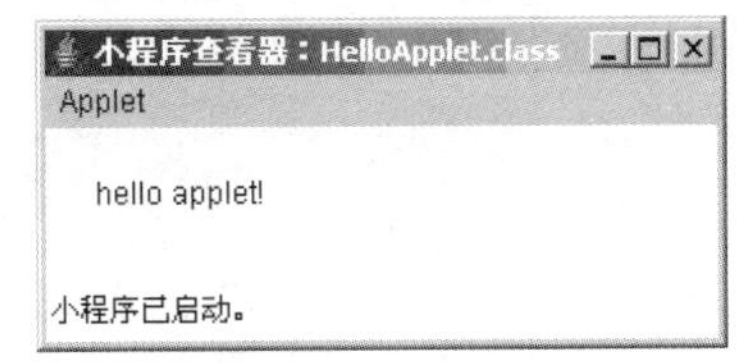


图 1-12　程序运行结果 1

**注意**：当然也可以通过双击程序，在浏览器(如 IE)中直接运行。但实际应用中，有些浏览器并不支持直接运行 Applet，如果要运行 Applet，需在浏览器中进行设置。因此这里使用 Sun 在 JDK 中提供的 appletviewer 工具来运行包含 Applet 的 HTML 文件。

**练习**(10 分钟)：练习使用 EditPlus 制作 Applet。

请参考上面的步骤使用 EditPlus 制作 Applet，并在控制台运行 Applet。

**任务三：制作 JavaDoc 文档(10 分钟)**

**指导**(5 分钟)：JavaDoc 文档的使用意义和制作方法。

(1)JavaDoc 注释的格式

Java API Document 的使用意义和 JavaDoc 注释的格式在教材的附录中有具体讲述，这里不再描述。现在我们制作一个简单的 Java API Document。先制作一个包含 JavaDoc 注释的. java 源代码文件，如图 1-13 所示。

图 1-13　包含 JavaDoc 注释的. java 源代码文件

(2)再编译包含 JavaDoc 注释的. java 源代码，生成 Java API Document，过程如下：

```
C:\myjava>javadoc Document. java
```

执行过程如图 1-14 所示。

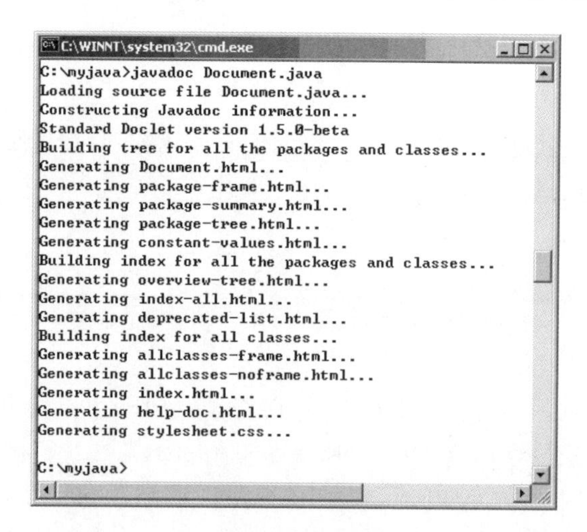


图 1-14 执行过程

执行后可以在当前目录下生成 Java API Document 的页面，启动其中的 index. html 文件，可以看到生成结果如图 1-15 所示。

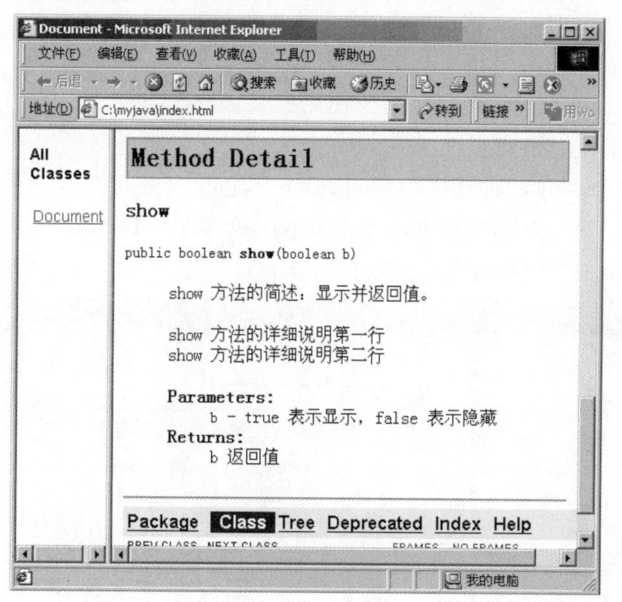


图 1-15 生成结果

**练习**(5 分钟)：生成 JavaDoc 文档。

制作如上例所示的包含 JavaDoc 注释的源代码，并编译生成 JavaDoc 文档。

## 第三部分 单元练习

1. 使用 JDK API Document，查询 System 类的 out 属性成员的 println()方法，了解 System. out. println()语法的构成与作用。

2. 使用 JDK API Document，查询 Applet 类，并写出其目录树结构。

# 实践二 Java数据类型

（练习时间：共 90 分钟）

## 第一部分　本次上机目标

使用 Eclipse 开发 Java Application

**本次上机任务：**

任务一：了解 Java 的常量和变量(20 分钟)

- 学习 Java 的变量分类和使用区别

任务二：数据类型的转换(30 分钟)

- 学习自然转换与强制转换

任务三：包装类的使用(40 分钟)

- 学习包装类的使用意义
- 控制台输入参数的形式

**应掌握的技能点：**

- 理解定义变量的作用，掌握定义变量的方法
- 掌握各种数据类型及其相互转换方法
- 理解包装类的应用

## 第二部分　上机实践

### 任务一：Java 的常量和变量(20 分钟)

**指导**(5 分钟)：Java 的变量分类和使用区别。

(1)变量可分为全局变量和局部变量。

变量的分类取决于作用域，全局变量指具有类块作用域的类成员变量，局部变量指具有方法块作用域的变量。

变量定义的格式为：

[访问修饰符] [存储修饰符] ＜数据类型＞ ＜变量名＞[＝初始值]；

其中方括号表示可选项，尖括号表示必选项，变量名要符合前面提到的标识符命名规则。

举例：public static final int NUM＝10；

说明：public 属于访问修饰符，static 和 final 都属于存储修饰符。

局部变量没有访问修饰符，且局部变量必须初始化或赋值，否则不能使用；而全局变量有初始值，初始值为该变量数据类型的默认值。

(2)输入下列代码,观察示例结果;再去掉注释②,将代码①注释后,观察测试结果。

| 行号 | VarValue.java 程序代码 |
|---|---|

```
1  public class VarValue {
2      int a;
3      boolean b;
4      char c;
5      double d;
6      String s;
7      void showValue(){
8          System.out.println("全局变量 a="+a);
9          System.out.println("全局变量 b="+b);
10         System.out.println("全局变量 c="+c);
11         System.out.println("全局变量 d="+d);
12         System.out.println("全局变量 s="+s);
13     }
14     public static void main(String[] args) {
15         int a=1;    //①
16         //int a;    //②
17         System.out.println("局部变量 a="+a);
18         VarValue obj=new VarValue();
19         obj.showValue();
20     }
21 }
```

**练习**(15 分钟):观察全局变量与局部变量的区别。

测试上面的示例,完成表 2-1。

**表 2-1 测试结果填写**

| 类成员变量 | 默认值 |
|---|---|
| a | |
| b | |
| c | |
| d | |
| s | |

**任务二:数据类型的转换(30 分钟)**

**指导**(5 分钟):自然转换与强制转换。

各种基本数据类型可以混合运算。运算中,不同类型的数据要先转换为指定的一种数据类型,然后再进行运算。转换的方式分为两种:自然转换和强制转换。

基本数据类型的精度由低到高的顺序是：

低————————————————————→高

byte→ short→ char→ int→ long→ float→ double

➢ 当把低精度的变量赋给高精度的变量时，系统自动完成类型转换，这称为“自然转换”，例如：

```
int a=9;
double d=a;
```

➢ 当根据程序功能需要把高精度的变量赋给低精度的变量时，需要进行显式类型的转换，这称为“强制转换”，例如：

```
double d=9.6;
int a=(int)d;  //结果为 9
```

**练习**(25 分钟)：输入小写字母，输出其对应大写字母。

**练习提示：**

从键盘中接收一个字符的方法如下：

```
System.in.read();
```

System.in 代表标准输入设备键盘，其 read()方法返回值为 int 型，通过强制转换可以转换成字符型，例如：

```
char c=(char)System.in.read();
```

同样，字符型作为泛整型的一种格式，也可以与其他整型数据一起运算，例如：c－32，其结果为 int 型。

示例代码如下：

| 行号 | ChangeType.java 程序代码 |
|---|---|

```
1  public class ChangeType  {
2      public static void main(String[] args)throws Exception {
3              char c=(char)System.in.read();
4              System.out.println("您输入的小写字母是:"+c);
5              System.out.println(c+"对应的大写字母是:"+(char)(c-32));
6      }
7  }
```

运行结果如图 2-1 所示。

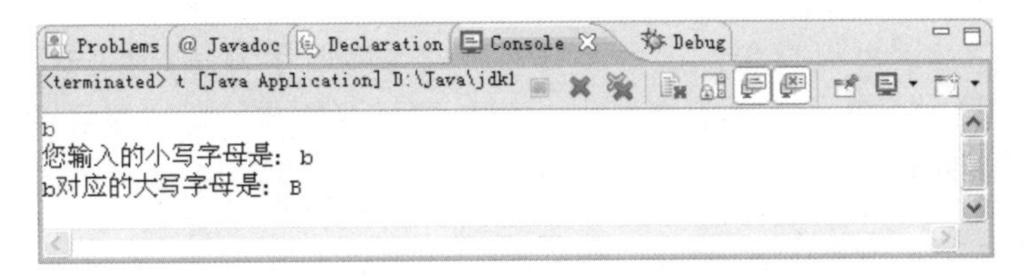


图 2-1　ChangeType.java 运行结果

**任务三:包装类的使用(40 分钟)**

**指导**(5 分钟):包装类的使用意义。

为了改善 Java 简单数据类型的功能(比如数字类型与字符串类型之间的相互转换,或者获得基本数据类型的信息),Sun 为 Java 类库引入了包装类。在 Java 中每种简单数据类型都对应一种包装类。包装类通常应用于基本数据类型与字符串之间的转换。

(1)将字符串转换为数值

➢ 转换为整型,例如:

```
Integer.parseInt("123456");
Long.parseLong("123456");
```

➢ 转换为 float 或 double 型,例如:

```
Float.valueOf("123456.00").floatValue();
Double.valueOf("123456.00").doubleValue();
```

上面两种转换语法在本质上是一样的,也可以通用。

(2)将数值转换为字符串

例如:

```
String.valueOf(123456.00);
```

**练习**(15 分钟):从命令行输入 x,而 y=2x+3。编写程序实现:根据 x 的值输出 y 的值。

**练习提示:**

(1)使用语句“double a=Double.valueOf(args[0]).doubleValue();”将命令行输入的字符串转换为浮点型。

(2)程序运行结果如图 2-2 所示。

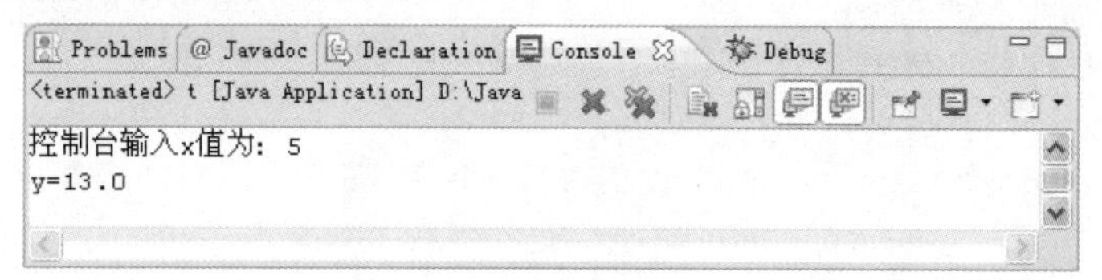


图 2-2 程序运行结果 2

**指导**(5 分钟):从控制台输入参数的形式。

前一小节讲述了从键盘上接收一个字符的方法 System.in.read(),但是这种方法不能接收一个字符串。可以使用控制台参数的方式来接收字符串,但是这种方法不够灵活,且也不是输入应用内参数的合理方式。如果使用缓冲流的方式来接收字符串,则可以很好解决输入问题,

方法一、先导入 io 类库:

```
import java.io.*;
```

然后使用流类获取键盘的输入值，并使用 read()方法读出：

```
BufferedReader br=new BufferedReader(new InputStreamReader(System.in));
String s=br.readLine();          //将从键盘读入的字符串赋值给字符串 s
```

方法二、先导入 util 类库：

```
import java.util.*;
```

然后使用 Scanner 类的 next()方法读出：

```
Scanner input=new Scanner(System.in);
int num=input.nextInt();
```

**练习**(15 分钟)：使用方法一，从键盘输入两个数，求它们的和并输出。

源代码如下：

| 行号 | InputParam.java 程序代码 |
|---|---|
| 1 | import java.io.*; |
| 2 | public class InputParam{ |
| 3 |     public static void main(String[] args) throws Exception{ |
| 4 |         int num1=0,num2=0;//赋初始值 0 |
| 5 |         System.out.println("请输入两个操作数:"); |
| 6 |         System.out.println("输入第一个操作数:"); |
| 7 |         /*使用输入流从键盘接收字符串*/ |
| 8 |         BufferedReader br1=new BufferedReader(new InputStreamReader(System.in)); |
| 9 |         num1=Integer.parseInt(br1.readLine());//将从键盘读入的字符串转换为整型数 |
| 10 |         System.out.println("输入第二个操作数:"); |
| 11 |         /*使用输入流从键盘接收字符串*/ |
| 12 |         BufferedReader br2=new BufferedReader(new InputStreamReader(System.in)); |
| 13 |         num2=Integer.parseInt(br2.readLine());//将从键盘读入的字符串转换为整型数 |
| 14 |         System.out.println("两数之和为:"+(num1+num2)); |
| 15 |     } |
| 16 | } |

程序运行结果如图 2-3 所示。

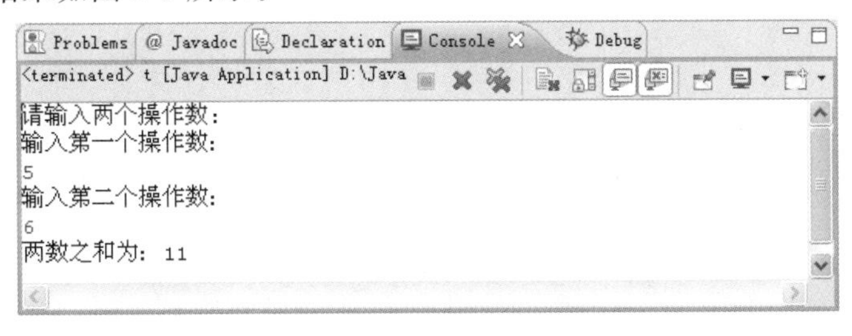


图 2-3 程序运行结果 3

Java 输入与输出简单实例

试着使用方法二，自行改造上例题，完成两整数相加。

## ➲第三部分　单元练习⊂

**案例题目：** 四则运算

**设计要求：**

1. 从键盘输入两个数和一个运算符，求它们的运算结果(例如输入10、20和“*”号，得到200；输入“/”号则得到0.5)并输出。

2. 如果输入错误的运算符，提示“输入有误!”。

**设计思路：**

1. 参考上面任务三练习的示例，使用Scanner类的nextDouble()方法从键盘上接收数字，使用Scanner类的next()方法从键盘上接收字符串型的运算符。

2. 使用if-else结构判断输入的运算符。

# 实践三　运算符与表达式

（练习时间：共 90 分钟）

## 第一部分　本次上机目标

**本次上机任务：**

任务一：练习算术运算（30 分钟）

- 各种算术运算符的使用
- 表达式中出现双引号与数字相加的运算处理

任务二：练习位运算（30 分钟）

- Java 的位运算
- 位运算符

任务三：混合运算示例（30 分钟）

- 表达式的运算规则
- 学习使用 java. Math 类数学运算的方法

**应掌握的技能点：**

- 了解 Java 的运算符及表达式
- 掌握不同类型数据之间的赋值规律
- 理解根据表达式编写相应程序及验证表达式结果的方法

## 第二部分　上机实践

### 任务一：练习算术运算（30 分钟）

**指导**（5 分钟）：各种算术运算符的使用。

各种算术运算符及其优先级见表 3-1。

**表 3-1　算术运算符及其优先级**

| 优先级 | 运算符 | 用途 | 举例 |
| --- | --- | --- | --- |
| 1 | ++,-- | 自动递增，自动递减 | ++i,j-- |
| 2 | +,- | 取正、负号 | i=-25 |
| 3 | * | 乘 | i=15 * 2 |
|  | / | 除 | fVar=25.0f / 5 |
|  | % | 取模 | j=5%3 |
| 4 | +,- | 加、减 | x=fVar-8.9 |

各种算术运算符的注意事项如下：

(1)不同数据类型在进行算术运算时要遵守自然类型转换的规则(见实践二第二部分)。

(2)整除(/)运算规律：如果整除号两边操作数都为泛整型，则结果为整型；如果整除号两边操作数其一为浮点型，则结果为浮点型。

(3)取模(%)运算规律：它的操作数可以是浮点型。其他规律与整除(/)运算一致：如果其中一个操作数是浮点型，那么运算结果是浮点型；如果两个操作数都是泛整型，那么运算结果也是整型。

(4)x++，x--：后置运算，表示 x 先参与表达式的运算，然后再自增(减)1。

(5)++x，--x：前置运算，表示 x 先自增(减)1，然后再参与表达式的运算。

请参考下面的练习：

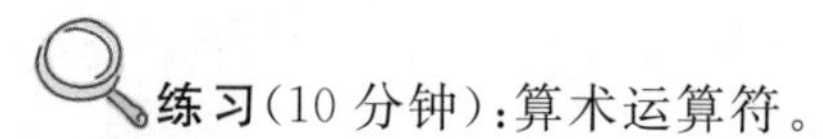
练习(10 分钟)：算术运算符。

请先阅读下面的代码，然后试着填写结果。如果不能确定，请自行测试验证。

代码程序 1：

| 行号 | Test. java |
|---|---|

```
1  public class Test{
2      public static void main(String args[]){
3          int a=-5,b=2;
4          double c=-5.4,d=2.0;
5          System.out.println("a/b ="+a/b);
6          System.out.println("a%b ="+a%b);
7          System.out.println("c/d ="+c/d);
8          System.out.println("c%d ="+c%d);
9      }
10 }
```

请根据运行结果填写表 3-2。

**表 3-2 运行结果**

| 表达式 | 结果 |
|---|---|
| a/b = | |
| a%b = | |
| c/d = | |
| c%d = | |

代码程序 2：

| 行号 | Test. java |
|---|---|

```
1  public class Test{
2      public static void main(String args[]){
```

```
3          int x=1,y=1;
4          int result1=(x++)+(x++);
5          System.out.println("result="+result1);
6          int result2=(++y)+(++y);
7          System.out.println("result2="+result2);
8      }
9  }
```

请根据运行结果填写表3-3。

**表 3-3　运行结果**

| 表达式 | 结果 |
|---|---|
| result= | |
| result2= | |

同样的程序在不同的编译器下(如C或VC等)运行会得到不同的结果,值得提出的是,这表明不同的编译器会有不同的编译形式。

**指导**(5分钟):表达式中出现双引号与数字相加的运算处理。

在表达式中出现双引号与数字相加时的运算规则:编译器在编译时从表达式的左侧开始处理,任何数据类型与字符串相加,运算结果都为字符串类型。如果开始是字符串类型,则运算结果必定为字符串类型,所以:

- 出现在双引号左侧的数字先按照数学运算处理。
- 出现在双引号右侧的数字与左侧的字符串运算,按字符串连接处理。

值得提出的是:"+"(加号)是Java中唯一重载的运算符,既可以用于数学运算,也可以用于字符串连接。(重载的概念将在后面章节讲述)

观察下面的示例:

| 行号 | Expression.java |
|---|---|

```
1  public class expression{
2      public static void main(String args[]) {
3          System.out.println("3" + "5");
4          System.out.println("3" + 5 + 7);
5          System.out.println(3 + "5");
6          System.out.println(3 + 5 + 7);
7          System.out.println("3+5");
8          System.out.println(3 + 5 + 7 + 9 + "");
9          System.out.println("" + 3 + 5 + 7 + 9);
10         System.out.println(3 + 5 + "我们喜欢Java语言" + 7 + 9);
11     }
12 }
```

程序运行结果如图 3-1 所示。

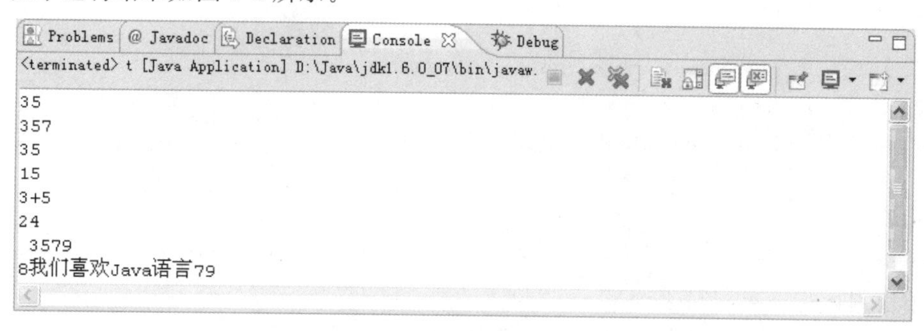


图 3-1　程序运行结果 4

**练习**(10 分钟):运行并分析上面的示例。

**任务二:练习位运算(30 分钟)**

**指导**(5 分钟):Java 的位运算。

Java 的位运算有:左移位运算＜＜、右移位运算＞＞和无符号右移位运算＞＞＞。注意:Java 中没有无符号左移位运算。位运算操作数为整型,它操作的是操作数的补码。

补码的知识:

- 原码:是数值转化成的对应二进制数,如十进制数 32 的原码为 100000。
- 反码:原码按位取反。
- 补码:反码加 1。

计算机系统使用二进制补码来表示数值,其中最高位为符号位,正数的符号位为 0,负数的符号位为 1,且正、负数的补码规定如下:

- 正数的原码、反码和补码相同。
- 负数的反码为该数的绝对值的原码按位取反,补码为反码加 1。负数－126 的原码、反码和补码(以 8 位二进制数为例,设最高位为符号位,加粗)转换见表 3-4。

**表 3-4　负数的原码、反码、补码转换**

| | 负数－126 |
|---|---|
| 原码 | **1**111 1110 |
| 反码 | **1**000 0001 |
| 补码 | **1**000 0010 |

那么为什么计算机系统使用补码形式来存储数据呢?

那是因为正数 0 和负数 0 本来是相同的值,但使用原码表示正数 0 和负数 0 的时候出现不统一的情况,见表 3-5。

我们发现正数 0 和负数 0 的原码表示形式不同,而补码形式是相同的。这就是计算机系统用补码形式来存储数据的主要原因。

表 3-5　　　　+0 和 −0 的原码、反码和补码

| | +0 | −0 |
|---|---|---|
| 原码 | 0000 0000 | 1000 0000 |
| 反码 | 0000 0000 | 1111 1111 |
| 补码 | 0000 0000 | (高位溢出)0000 0000 |

另外，如果要实现减法运算，也可以使用补码转换成“加一个负数”的问题来解决，例如：1−2=1+(−2)。

**练习**(5 分钟)：求解 −126>>1。

−126 的补码为 1000 0010(见表 3-4)，对它进行>>1 运算，得到结果为：1100 0001。注意，此时的数据仍为补码，如果想得到它真实的值，应该再转换成原码，见表 3-6。

表 3-6　　　　−126>>1 的反码、补码

| | |
|---|---|
| 补 码 | 1100 0001 |
| 反 码 | 1011 1110 |
| 原 码 | 1011 1111 |

此原码结果为 −63。

**指导**(5 分钟)：位运算符。

Java 位运算符包括：与(&)、或(|)、非(~)和异或(^)，这些运算符的操作数必须是整型(例如 X&Y，X 和 Y 必须为整型)，所以从本质上来说，Java 位运算也是数学运算。Java 进行位运算时，首先将整数转换为二进制数，然后逐位进行位运算。

(1)&：按位与，当两个操作数的同位数字同时为 1 时，结果为 1，否则为 0，如 1100&1010=1000。

(2)|：按位或，当两个操作数的同位数字有一个为 1 时，结果为 1，否则为 0，如 1100|1010=1110。

(3)~：按位反，位数为 0 则变 1，位数为 1 则变 0。

(4)^：按位异或，当两个操作数的同位数字不同时，结果为 1，否则为 0，如 1100^1010=0110。

**练习**(15 分钟)：已知：a=17，b=3，编写程序求 a 和 b 与、或、异或的值。

**练习提示**：a 和 b 与、或、异或可分别表示为 x=a&b，y=a|b，z=a^b。

程序运行结果如图 3-2 所示。

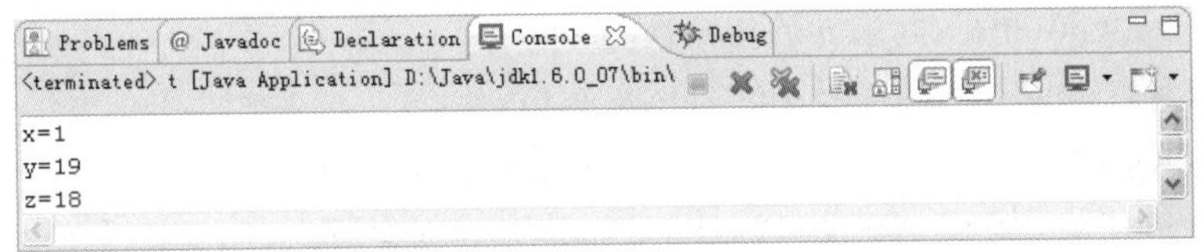


图 3-2　程序运行结果 5

请自行分析运行结果。

**任务三:混合运算示例(30 分钟)**

**指导**(5 分钟):表达式的运算规则。

在表达式求值时,除了要遵守各种运算符和它们所规定的运算规则外,还要注意下面运算符"短路"问题:

- &&:当表达式中出现 && 时,先对 && 左侧值进行判断,如果左侧值为"false",表达式整体的值就为"false",无须运行右侧的部分。
- ||:当表达式中出现 || 时,先对 || 左侧值进行判断,如果左侧值为"true",表达式整体的值就为"true",无须运行右侧的部分。

**练习**(10 分钟):写出结果并上机检验后将结果填入表 3-7。

已知:a=4,b=10,c=3,写出 z 或 c 的值。

(1)z=(float)(a+b)/c+(b-a)%a

(2)z=b-a==c&&--c>1

(3)(a>b)&&(--c>1)

**表 3-7　　运行结果**

| 表达式 | 结果 |
|---|---|
| (1) | z= |
| (2) | z= |
| (3) | c= |

**指导**(5 分钟):学习使用 java. Math 类数学运算的方法。

针对复杂的数学运算,Java 采用 Math 类的静态方法来完成。Math 类的方法非常丰富而且简便,封装了几乎所有数学上需要的基本运算。

下面介绍部分常用的 Math 方法:

- Math. PI 表示圆周率。
- Math. E 表示自然对数的底,即常数 e。
- Math. Abs(double x):返回 x 的绝对值。x 也可为 int、long 和 float。
- Math. acos(double x):返回 x 值的反余弦函数值。
- Math. asin(double x):返回 x 值的反正弦函数值。
- Math. atan(double x):返回 x 值的反正切函数值。
- Math. atan2(double x, double y):返回极坐标(polar)的 $\theta$ 值。
- Math. cos(double x):返回 x 弧度的余弦函数值。
- Math. exp(double x):求 e 的任意次方。
- Math. log(double x):返回 x 的自然对数值。
- Math. max(double x,double y):返回 x、y 中的较大数。
- Math. min(double x,double y):返回 x、y 中的较小数。
- Math. pow(double x,double y):返回 $x^y$ 值。
- Math. rint(double x):返回最接近 x 的整数值。

- Math. sin(double x):返回 x 弧度的正弦函数值。
- Math. sqrt(double x):返回 x 开平方值。
- Math. tan(double x):返回 x 弧度的正切函数值。
- Math. toDegrees(double angrad):返回将 angrad 弧度转换成的角度。
- Math. toRadians(double angdeg):返回将 angdeg 角度转换成的弧度。
- Math. random():返回 0,1 之间的一个随机数,返回值为 double 型。
- Math. floor(double x):返回不大于 x 的最大整数值。
- Math. ceil(double x):返回不小于 x 的最小整数值。
- Math. round(double x):返回 x 的四舍五入值。

**练习**(10 分钟):编写程序,求下列表达式的值(表达式中的变量 x、y、a、r 自己定义赋值)。

① $\frac{1+x^2}{\sqrt{1-x^2}}$ ② $a*(1+r/12)^{12xy}$ ③ $\frac{1}{2}\left(ax+\frac{a-x}{3a}\right)$ ④ $\frac{1-x^2}{\sqrt{1-\sin x}}$

**练习提示:**

(1)指数函数方法调用:Math. pow(x,y) x,y 为 double 型

(2)平方根函数方法调用:Math. sqrt(x) x 为 double 型

(3)正弦函数方法调用:Math. sin(x) x 为 double 型

①式表达式(1+(x * x))/(Math. sqrt(1-(x * x)))

②式表达式 a * (Math. pow((1+r/12),(12 * x * y)))

③式表达式 1/2 * (a * x+(a-x)/(3 * a))

④式表达式(1-(x * x))/(Math. sqrt(1-Math. sin(x)))

将结果值填入表 3-8 中。

**表 3-8 运行结果**

| 表达式 | 结果 |
|---|---|
| ① | |
| ② | |
| ③ | |
| ④ | |

## 第三部分 单元练习

**案例题目:**设计一个判断是否为闰年的表达式。

**设计要求:**判断一个年份是否为闰年的条件为:

(1)每隔 4 年有一个闰年(能被 4 整除的)。

(2)每 100 年要去除一个闰年。

(3)每 400 年要再增加一个闰年。

**设计提示:**考察逻辑运算符(&& 和||)的使用。

三个判断表达式分别为:

(1)year%4==0 (2)year%100!=0 (3)year%400==0

# 实践四　流程控制

（练习时间：共 90 分钟）

## 第一部分　本次上机目标

**本次上机任务：**

任务一：分支结构（40 分钟）

➢ 学习 if 语句

➢ 使用 switch-case 语句

任务二：循环结构（30 分钟）

➢ 学习 while 与 do-while 循环

➢ 学习 for 循环

任务三：控制语句的应用（20 分钟）

➢ 学习跳转语句

➢ 掌握跳转语句语法

**应掌握的技能点：**

➢ 掌握 if、if-else 和 switch 语句的格式、使用方法、嵌套关系和匹配原则，实现分支选择结构。

➢ 理解 while、do-while 和 for 语句的格式及使用方法，掌握三种循环控制语句的循环过程以及循环结构的嵌套。

➢ 理解 break、continue 和 return 语句的格式及使用方法。

## 第二部分　上机实践

**任务一：分支结构（40 分钟）**

**指导**（10 分钟）：if 语句。

什么是“回文数”？

回文数是指该数字逆序后排列的数字与原序列数字相同，例如 1221。

可以通过 if-else 嵌套完成输入数字是几位数的判断和是否为回文数的判断。例如：下面示例判断四位数以内（1～10000）的回文数。

（1）先用 if 判断此数字（假设为 num）是否为四位数，否则用 else 块输出“不在 1 到 10000 之间！”的信息。

（2）再通过整除和取模运算，得到数字 num 各个位的数字，依次使用 if-else 判断是否为回文数。如果是四位数，那么此数字的第一位和第四位数字必须相同，第二位和第三位数字必须相同才符合条件，其他情况以此类推。代码如下：

| 行号 | Number.java |
|---|---|

```
1  import java.io.*;
2  public class Number {
3      public static void main(String[] args) throws Exception{
4          BufferedReader br=new BufferedReader(new InputStreamReader(System.in));
5          System.out.println("请输入一个1到10000之间的数:");
6          int num=Integer.parseInt(br.readLine());
7          int d1,d2,d3,d4;
8          if(num<10000){
9              d4=num/1000;             //获得num的千位数字
10             d3=num%1000/100;         //获得num的百位数字
11             d2=num%100/10;           //获得num的十位数字
12             d1=num%10;               //获得num的个位数字
13             if(d4!=0){               //判断num是否为四位数
14                 System.out.println(num+"为四位数");
15                 if((d1==d4)&&(d2==d3)){
16                     System.out.println(num+"是回文数!");
17                 }
18                 else{
19                     System.out.println(num+"不是回文数!");
20                 }
21             }
22             else{
23                 if(d3!=0){
24                     System.out.println(num+"为三位数");
25                     if(d1==d3){
26                         System.out.println(num+"是回文数!");
27                     }
28                     else{
29                         System.out.println(num+"不是回文数!");
30                     }
31                 }
32                 else{
33                     if(d2!=0){
34                         System.out.println(num+"为两位数");
35                         if(d1==d2){
36                             System.out.println(num+"是回文数!");
37                         }
38                         else{
39                             System.out.println(num+"不是回文数!");
```

```
40                         }
41                     }
42                     else{
43                         System.out.println(num+"是个位数，不需要判断!");
44                     }
45                 }
46             }
47         }
48         else{
49             System.out.println(num+"不在 1 到 10000 之间!");
50         }
51     }
52 }
```

**练习**(15 分钟)：根据上面的代码，自行修改完成判断五位数以内的回文数。

**指导**(5 分钟)：switch-case 语句。

switch-case 语句结构特点：

(1)在 JDK 7 版本之前，switch(表达式)中表达式的值只能为 int、byte、short、char 型，不允许为 long、double 等长型值，也不允许是 string 型，因此与 if-else 嵌套相比，switch-case 结构虽然十分清晰，但功能有所限制。

(2)case 子句表达式为常量。

(3)default 子句是可选的，但建议大家写入，用来处理所有 case 子句都不能匹配的情况。

(4)break 语句用于跳出 switch 结构，也可以用于跳出循环。如果没有 break 语句，程序执行完前面的 case 子句后，会继续执行后面的 case 子句，这容易引发错误的结果。

**练习**(10 分钟)：使用 switch-case 语句结构完成显示输出成绩信息。

**需求说明：**

改造理论教材示例 4-1，使用 switch-case 语句完成显示输出成绩信息。

**练习提示：**

可以利用整除号"/"对成绩段进行处理，完成 switch 条件表达式。

**任务二：循环结构(30 分钟)**

**指导**(5 分钟)：while 与 do-while 循环语句。

(1)while 与 do-while 循环语句的区别

➢ while 循环语句首先计算条件判断表达式，若表达式值为 true，则执行语句块，循环后，再对表达式进行判断，直到表达式的值为 false 时，停止执行语句块。

➢ do-while 循环语句先执行循环体中的语句块，再计算 while 语句后面的条件判断表达式。因为 do-while 循环先执行语句块，后进行条件判断，因此，语句块至少被执行一次。

观察下面的示例：

| 行号 | TestWhile. java |
| --- | --- |

```
1  public class TestWhile {
2      public static void main(String[] args) {
3          int a=1;
4          while(a<1){
5              a++;
6          }
7          System.out.println("a="+a);
8      }
9  }
```

结果为“a=1”。

如果程序改为：

| 行号 | TestWhile. java |
| --- | --- |

```
1  public class TestWhile{
2      public static void main(String[] args) {
3          int a=1;
4          do{
5              a++;
6          }while(a<1);
7          System.out.println("a="+a);
8      }
9  }
```

结果为“a=2”。

验证了两种 while 语句的区别。

(2)循环判断键盘输入的字符，当输入'x'时退出程序

while(true){}是一个无限循环。System. in. read()可以读入一个字符，当它不是'x'时，就无限循环下去。本题需要注意，程序运行时在控制台中输入字符后按回车键，实际输入了三个字符：输入的字符、回车符'\r'、换行符'\n'。代码如下：

| 行号 | TestWhile. java |
| --- | --- |

```
1  public class TestWhile {
2      public static void main(String[] args) throws Exception {
3          char ch=' ';
```

```
4          while(true) {
5              ch=(char) System.in.read();
6              if(ch=='\r') {
7                  System.out.println("输出/r");
8              } else if(ch=='\n') {
9                  System.out.println("输出/n");
10             } else {
11                 System.out.println("你输入的字符是:" + ch);
12             }
13             if(ch=='x')
14                 break;
15         }
16         System.out.println("程序已经退出!");
17     }
18 }
```

程序运行结果如图 4-1 所示。

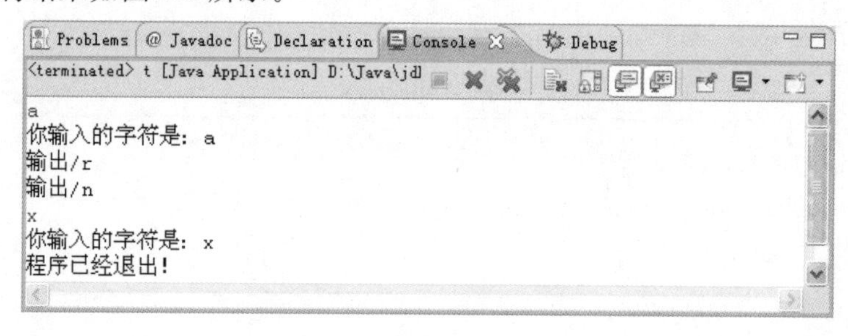


图 4-1 程序运行结果 6

**练习**(10 分钟):while 循环。

完成并测试上面的示例。

**指导**(10 分钟):for 循环。

要实现的效果如图 4-2 所示。

Problems @ Javadoc Declaration Console Debug

<terminated> t [Java Application] D:\Java\jdk1.6.0_07\bin\javaw.

| | | | | | | | | |
|---|---|---|---|---|---|---|---|---|
| 1*1=1 | 1*2=2 | 1*3=3 | 1*4=4 | 1*5=5 | 1*6=6 | 1*7=7 | 1*8=8 | 1*9=9 |
| 2*1=2 | 2*2=4 | 2*3=6 | 2*4=8 | 2*5=10 | 2*6=12 | 2*7=14 | 2*8=16 | 2*9=18 |
| 3*1=3 | 3*2=6 | 3*3=9 | 3*4=12 | 3*5=15 | 3*6=18 | 3*7=21 | 3*8=24 | 3*9=27 |
| 4*1=4 | 4*2=8 | 4*3=12 | 4*4=16 | 4*5=20 | 4*6=24 | 4*7=28 | 4*8=32 | 4*9=36 |
| 5*1=5 | 5*2=10 | 5*3=15 | 5*4=20 | 5*5=25 | 5*6=30 | 5*7=35 | 5*8=40 | 5*9=45 |
| 6*1=6 | 6*2=12 | 6*3=18 | 6*4=24 | 6*5=30 | 6*6=36 | 6*7=42 | 6*8=48 | 6*9=54 |
| 7*1=7 | 7*2=14 | 7*3=21 | 7*4=28 | 7*5=35 | 7*6=42 | 7*7=49 | 7*8=56 | 7*9=63 |
| 8*1=8 | 8*2=16 | 8*3=24 | 8*4=32 | 8*5=40 | 8*6=48 | 8*7=56 | 8*8=64 | 8*9=72 |
| 9*1=9 | 9*2=18 | 9*3=27 | 9*4=36 | 9*5=45 | 9*6=54 | 9*7=63 | 9*8=72 | 9*9=81 |

图 4-2 要实现的效果

源代码为：

| 行号 | Table99. java |
|---|---|

```
1   public class Table99 {
2       public static void main(String[] args) {
3           for(int i=1;i<=9;i++){
4               for(int j=1;j<=9;j++){
5                   System.out.print(i+"*"+j+"="+i*j+"  ");
6               }
7                   System.out.println("");
8           }
9       }
10  }
```

**练习**(5 分钟)：输出斜三角矩阵九九乘法口诀表。

**需求说明：**

实现输出斜三角矩阵样式的九九乘法口诀表，如图 4-3 所示。注意对齐此矩阵各列的方法是使用制表位'\t'。控制循环变量 i 和 j 的大小，实现特殊效果输出。

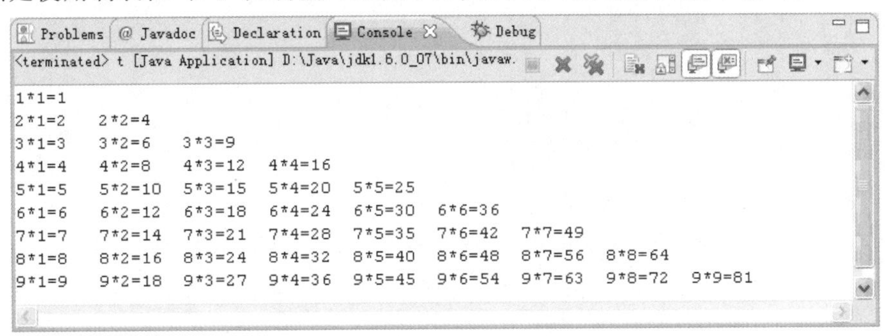


图 4-3　斜三角矩阵样式的九九乘法口诀表

**任务三：控制语句的应用(20 分钟)**

**指导**(5 分钟)：跳转语句。

- break 语句用于跳出当前循环或 switch 分支结构(注意不能单独用于 if 语句)。
- continue 语句用于跳过当次循环。
- return 语句用于返回到方法的调用处，如果在主方法中使用 return，则意味着程序结束。

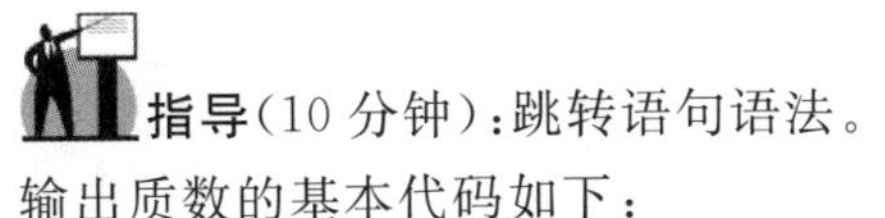

**指导**(10 分钟)：跳转语句语法。

输出质数的基本代码如下：

| 行号 | Test. java |
|---|---|

```
1  public class Test{
2      public static void main(String[] args){
3          int count=0;//质数个数
4          int times=0;//循环运算次数
5          double num=100;//终止数
6          int i,j;
7          boolean isPrime;
8          for(i=2;i<=num;i++){
9              isPrime=true;//默认设为 true,输出 2,3,5,7……
10             int g=(int)Math.sqrt(i);//求内层循环的终止条件,减少循环次数
11             for(j=2;j<=g;j++){
12                 times++;
13                 if(i%j==0){    //找出非质数
14                     isPrime=false;
15                     break;
16                 }
17             }
18             if(isPrime){
19                 System.out.print(i+",");
20                 count++;
21             }
22         }
23         System.out.println();
24         System.out.println("找到质数个数:"+count+"个\t 运算次数:"+times+"次");
25     }
26 }
```

输出效果如图 4-4 所示,计算质数个数和循环运算的次数。

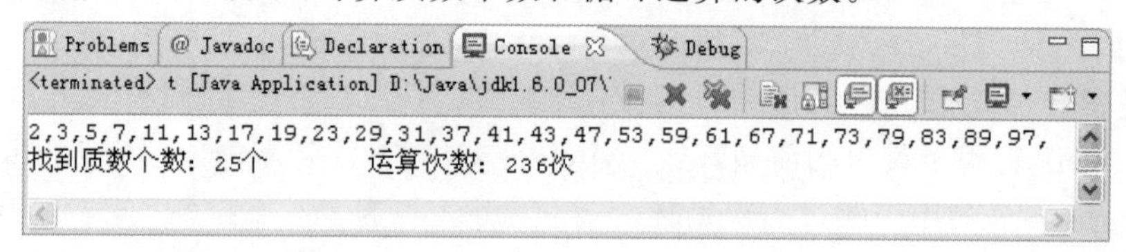


图 4-4　计算质数个数和循环运算的次数

**练习**(5 分钟):完成求质数的示例。

**需求说明**:完成上例,并测试得到结果。

## 第三部分　单元练习

**案例题目:**猜数字游戏。输入 1～10 的一个整数,同系统中随机产生的数字进行比较,并自动判断大小。

**设计要求:**如果输入的数字小于系统的随机数,提示"你输入的数字小了,请重新猜!",如果输入的数字大于系统的随机数,提示"你输入的数字大了,请重新猜!",直到输入的数字准确为止,提示"太聪明了,你猜对了!",然后退出程序。也可以加入判断次数并提示共猜了多少次。

**设计思路:**使用随机数生成语句生成 1～10 的整数,例如:

```
int r=(int)(Math.random()*10+1);
```

# 实践五　面向对象的编程思想(一)

(练习时间:共90分钟)

## 第一部分　本次上机目标

**本次上机任务:**

任务一:Java类的定义格式(30分钟)

- 学习成员变量和成员方法的使用
- 学习Timer类的构造方法

任务二:方法重载(30分钟)

- 使用方法重载
- 学习构造方法的重载

任务三:Java的修饰符(30分钟)

- 使用static存储修饰符
- 学习final存储修饰符

**应掌握的技能点:**

- 理解Java类、对象和方法
- 掌握Java重载的应用
- 理解修饰符的使用

## 第二部分　上机实践

### 任务一:Java类的定义格式(30分钟)

**指导**(5分钟):成员变量和成员方法的使用。

设计一个时钟类Timer,有时、分、秒三个成员属性,设计两个成员方法用来设置时间和显示时间。

代码如下:

| 行号 | Timer. java |
|---|---|

```
1  public class Timer {
2      int hour,minute,second;//时钟的成员属性:时、分、秒
3      void setTime(int h,int m,int s){//设置时间的成员方法
4          hour=h;
5          minute=m;
6          second=s;
7      }
```

```
8         void showTime(){//显示时间的成员方法
9             System.out.println("现在时间:"+hour+"点"+minute+"分"+second+"秒");
10        }
11        public static void main(String[] args) {
12            Timer t1=new Timer();//创建 Timer 类的实例 t1
13            t1.setTime(10,11,12);//为实例 t1 赋值
14            t1.showTime();//显示 t1 的时间
15        }
16    }
```

程序运行结果如图 5-1 所示。

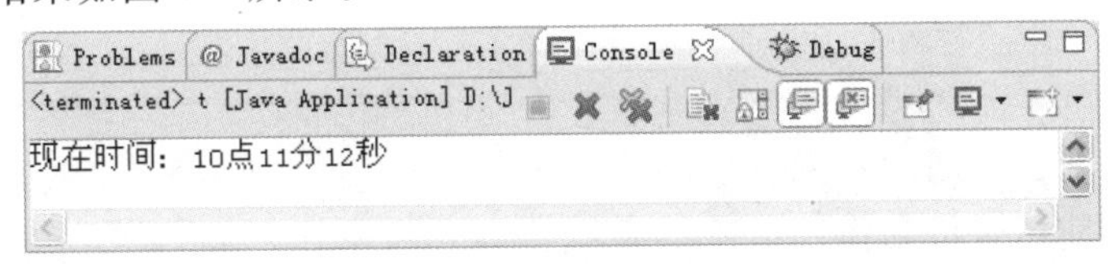

图 5-1　程序运行结果 7

**练习**(5 分钟):简单 Timer 类练习。

**需求说明:**书写此 Timer 类,再生成一个时钟的实例 t2,如图 5-2 所示。

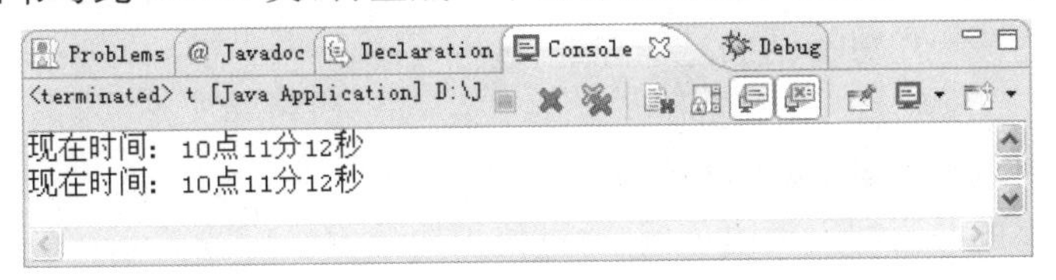

图 5-2　再生成一个时钟的实例

**指导**(10 分钟):Timer 类的构造方法。

构造方法是一种特殊的方法,用来创建类的实例。声明构造方法时,可以附加访问修饰符,但没有返回值,因此不能指定返回类型。构造方法名必须和类同名。调用构造方法创建实例时,用 new 运算符加构造方法名。

使用构造方法的源代码如下,注意观察自定义构造方法与成员方法 setTime()的异同。

| 行号 | Timer.java |
| --- | --- |

```
1    public class Timer {
2        int hour,minute,second;//时钟的成员属性:时、分、秒
3        public Timer(int h,int m,int s){//自定义构造方法
4            hour=h;
5            minute=m;
6            second=s;
7        }
8        void setTime(int h,int m,int s){//设置时间的成员方法
```

```
9            hour=h;
10           minute=m;
11           second=s;
12       }
13       void showTime(){//显示时间的成员方法
14           System.out.println("现在时间:"+hour+"点"+minute+"分"+second+"秒");
15       }
16       public static void main(String[] args) {
17           Timer t1=new Timer(10,11,12);//用构造方法创建Timer类的实例t1
18           t1.showTime();
19       }
20   }
```

可以获得与前例相同的效果。

构造方法的使用时机和作用：

(1)构造方法是专门用于构造实例的特殊成员方法，在创建实例时起作用；而使用普通成员方法为实例属性赋值，则是在实例创建后调用。

(2)构造方法可以自行定义，以满足程序的需要。

(3)在创建实例并设置属性值时虽然我们有两种选择，但推荐使用构造方法的形式来创建实例，这会使程序更简洁和易于理解，运行效率也更高。

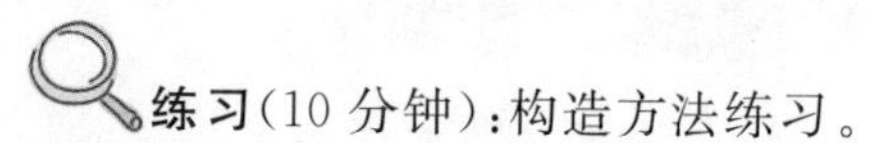


**需求说明**:完成并测试上面的示例，通过使用构造方法构造Timer类的对象，实现如图5-2所示的效果。

**任务二:方法重载(30分钟)**

**指导**(10分钟):使用方法重载。

在同一个类体中有多个名称相同的方法，但这些方法具有不同的参数列表(参数的个数不同，或参数的类型不同)，这种现象称为方法的重载。

下面代码中有求两数之和与三数之和的方法add()。

| 行号 | Sum.java |
|---|---|

```
1   public class Sum {
2       static int add(int x,int y){
3           return x+y;
4       }
5       static int add(int x,int y,int z){
6           return x+y+z;
7       }
8       public static void main(String[] args) {
```

```
9              System. out. println(add(2,3));
10             System. out. println(add(2,3,4));
11         }
12  }
```

练习(5 分钟):完善方法重载,加入另一个方法求两 double 数之和。

指导(10 分钟):构造方法的重载。

构造方法的重载示例如下:

行号 **Timer. java**

```
1   public class Timer
2   {
3        int hour,minute,second;
4        public Timer()                    //默认构造方法,此例中不能省略
5        {
6             //下面赋值语句也可不写,创建实例时会按照成员变量的默认值规则赋值
7             hour=0;
8             minute=0;
9             second=0;
10       }
11       public Timer(int h,int m,int s)       //自定义的构造方法
12       {
13            hour=h;
14            minute=m;
15            second=s;
16       }
17       void showTime()
18       {
19            System. out. println("现在时间是:"+hour+":"+minute+":"+second);
20       }
21       public static void main(String[] args)
22       {
23            Timer t1=new Timer(10,11,12);
24            t1. showTime();
25            Timer t2=new Timer();             //调用了默认构造方法创建实例
26            t2. showTime();
27       }
28  }
```

**练习**(5 分钟):默认构造方法的必要性。

**需求说明:**去掉上例中的默认构造方法,测试结果,思考原因。

**任务三:Java 的修饰符(30 分钟)**

**指导**(10 分钟):static 存储修饰符。

static(静态)可以用于修饰成员方法和成员变量(称为类方法和类变量),但注意不能用于修饰局部变量。相对于实例变量,类变量是真正意义上的全局变量,而类方法专用于调用类变量,不能调用实例变量。

类成员的访问格式可以有两种:

*类名.类成员*

*实例名.类成员*

static 方法是从属于类的方法,主要用来操作 static 成员。static 成员与非 static 成员的调用规则见表 5-1。

**表 5-1　static 成员与非 static 成员的调用规则**

| 调用的方法 | 被调用成员 | |
|---|---|---|
| | static 成员 | 非 static 成员(实例成员) |
| static 方法 | 可以 | 不可以 |
| 非 static 方法(实例方法) | 可以 | 可以 |

通过下面代码测试上述规则。

| 行号 | RacingCar.java |
|---|---|

```
1   public class RacingCar
2   {
3        static int num;              //①
4        RacingCar()
5        {
6             num++;
7        }
8        static void showNum()        //②
9        {
10            System.out.println("现在赛道上赛车总数为:"+num);
11       }
12       public static void main(String[] args)
13       {
14            RacingCar car1,car2,car3;
15            car1=new RacingCar();
16            car1.showNum();                    //static 方法可以被实例名调用
17            car2=new RacingCar();
```

```
18          car3=new RacingCar();
19          //RacingCar.showNum();            //static 方法也可以被类名调用
20      }
21  }
```

程序运行结果如图 5-3 所示。

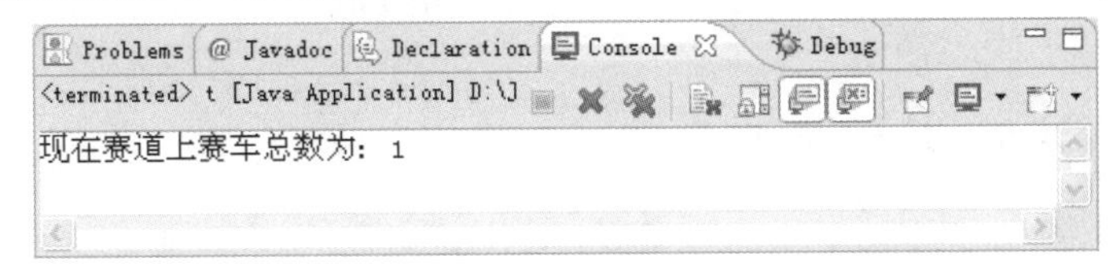


图 5-3　程序运行结果 8

**练习**(5 分钟):类成员的访问格式。

**练习提示:**观察类成员的访问格式,然后去除注释①、②处的 static 关键字,编译后看看程序会有什么结果。

**指导**(5 分钟):final 存储修饰符。

在 Java 中,如果方法前有 final 存储修饰符,表示这个方法在继承中不能被子类重写,比如:在 RacingCar 类中的 showNum()方法前添加 final 关键字,然后书写一个它的子类 F1RacingCar,试着在 F1RacingCar 子类中重写 showNum()方法,代码如下:

| 行号 | F1RacingCar. java |
|---|---|

```
1  public class F1RacingCar extends RacingCar{
2      static final void showNum()//?
3      {
4          System.out.println("在 F1RacingCar 输出 num 为:" + num);
5      }
6  }
```

**练习**(10 分钟):测试 final 存储修饰符。

**需求说明:**测试上面的示例 F1RacingCar. java,也可以试着在类中添加一个 final 类型的属性,观察它的特性。

## 第三部分　单元练习

**案例题目:**自行书写一个 Box 类。

**设计要求:**盒子类(Box 类)有五个基本属性:length(长)、width(宽)、height(高)、area(面积)和 volume(体积),完善这个类,要求有构造方法和显示面积 area 和体积 volume 的成员方法。

# 实践六　面向对象的编程思想（二）

（练习时间：共 90 分钟）

## 第一部分　本次上机目标

**本次上机任务：**

任务一：类的继承(30 分钟)

- 学习继承的基本概念

任务二：方法重写(40 分钟)

- 学习重写的基本概念

任务三：方法封装(20 分钟)

- 复习封装的基本概念

**应掌握的技能点：**

- 掌握类的继承
- 掌握重写方法
- 熟悉 Java 类的封装性概念与操作方法

## 第二部分　上机实践

### 任务一：类的继承(30 分钟)

**指导**(5 分钟)：继承的基本概念。

(1)Java 继承的定义：继承是指在已存在类的基础上建立一个子类，子类自动拥有父类指定的方法和属性。子类可以根据需要，拥有自己的方法或属性。

(2)Java 继承的格式：class <子类类名称> extends <父类类名称>

参考理论教材中例 5-19，代码如下，这是一个典型的类继承示例，观察注释处①、②语句的作用。

| 行号 | Children. java |
|---|---|

```
1  class Parent
2  {
3      String name;              //姓名
4      Parent(){}                //①此处默认构造方法为必需
5      Parent(String pName)      //构造方法
6      {
7          name=pName;
```

```
8       }
9       void showInfo()              //显示个人信息
10      {
11          System.out.println("姓名:"+name);
12      }
13  }
14  class Children extends Parent
15  {
16      int age;                     //子类自定义的成员变量
17      Children(String cName,int cAge)       //构造方法
18      {
19          //super();                //②默认省略了此语句
20          name=cName;               //name 属性继承自父类 Parent
21          age=cAge;
22      }
23      public static void main(String[] args)
24      {
25          Children children=new Children("王强",10);
26          System.out.println("子类信息如下:");
27          children.showInfo(); //showInfo()方法继承自父类 Parent
28      }
29  }
```

本例中的父类 Parent 需要定义默认构造方法 Parent(),这是因为 Java 语言的类在继承时,子类的构造方法会默认调用父类的默认构造方法,注释②处的 super()方法代表子类的超类的构造方法,这里相当于注释①处的 Parent(),而构造方法是不参与继承的,所以注释①处的代码是必需的。

**练习**(10 分钟):构造方法的使用。

(1)测试注释①、②处语句,观察它们的必要性。

(2)试着将 Children 类构造方法代码修改为:

**行号**

```
1   Children(String cName,int cAge)     //构造方法
2   {
3       //super(cName);                   //①默认省略了此语句
4       age=cAge;
5   }
```

再测试上面的示例,观察结果。

**练习**(15 分钟):设计一个汽车类 Auto,有速度属性 speed,另外,有启动 start(),

加速 speedup()和停止 stop()方法，然后设计子类 Bus 表示公共汽车，Bus 增加一个属性 passenger 表示乘客数，另外添加两个方法 gotOn()和 gotOff()表示乘客上车和下车。

**练习提示**：编写程序实现在主类 Inherit 中调用加速 speedup()方法和 gotOn()、gotOff()方法。Auto 类和 Bus 子类代码如下：

行号

```
 1  class Auto
 2  {
 3      int speed;          //表示速度
 4      Auto()
 5      {
 6          speed = 0;
 7      }
 8      //启动
 9      public void start()
10      {
11          speed = 1;
12          System.out.println("启动");
13      }
14      //加速
15      public void speedup(int s)
16      {
17          speed += s;
18          System.out.println("加速到时速 "+speed+"公里");
19      }
20      //停止
21      public void stop()
22      {
23          speed = 0;
24          System.out.println("停车");
25      }
26  }
27  class Bus extends Auto
28  {
29      int passenger;          //表示乘客数
30      Bus()
31      {
32          super();
33          passenger = 0;
34      }
35      //乘客上车
```

```
36        public void gotOn(int n)
37        {
38            passenger += n;
39            System.out.println("有"+n+"位乘客上车");
40        }
41        //乘客下车
42        public void gotOff(int n)
43        {
44            passenger -= n;
45            System.out.println("有"+n+"位乘客下车");
46        }
47        //显示乘客数目
48        public void showPassenger(){
49            System.out.println("现在车上有:"+passenger+"位乘客!");
50        }
51    }
52    public class Inherit
53    {
54        public static void main(String args[])
55        {
56            Bus bus = new ____________;
57            bus. ______________________;
58            bus.gotOn(________);
59            bus.speed=20;//公共汽车启动到时速 20 公里
60            bus.speedup(30);//再加速 30 公里到时速 50 公里
61            bus. ______________________;
62            bus.gotOff(________);
63            bus.showPassenger();
64        }
65    }
```

设计程序实现如图 6-1 所示的运行结果。

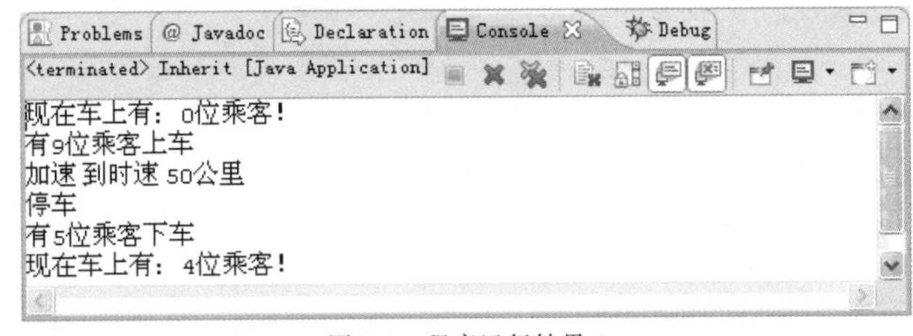


图 6-1　程序运行结果 9

请根据图 6-1 完善代码的编写。

## 任务二:方法重写(40分钟)

**指导**(5分钟):重写的基本概念。

方法重写发生在有父子类继承关系,且父子类中的两个同名方法的参数列表和返回值完全相同的情况下。前面讲述了方法重载,现在总结一下"重写"(Override)与"重载"(Overload)的区别,见表6-1。

**表6-1　重写与重载的区别**

| | 重写 | 重载 |
|---|---|---|
| 参数列表 | 不能改变参数列表 | 必须改变参数列表 |
| 返回值类型 | 不能改变返回值类型 | 可以改变返回值类型 |
| 访问修饰符 | 重写方法不能有比被重写方法限制更严格的访问修饰符 | 可以改变访问修饰符 |

其中,参数列表的含义包括:参数数据类型和参数个数。

**练习**(10分钟):判断哪些是方法重载,哪些是方法重写。

(1)同一类体中多个同名方法的参数类型相同,但参数个数不同。

(2)同一类体中多个同名方法的参数类型不同,但参数个数相同。

(3)同一类体中多个同名方法的参数类型相同,参数个数也相同,但参数变量名不同。

(4)同一类体中多个同名方法的返回值不同。

(5)不同类体中多个同名方法参数个数不同或参数类型不同。

(6)测试下面的代码,观察这些注释处的代码与①、②处代码的关系为重载还是重写?

| 行号 | Test.java |
|---|---|

```
1   class SuperClass
2   {
3       protected void add(int a,int b){//①
4           System.out.println("the sum is:"+(a+b));
5       }
6       void add(int x,int y){//
7           System.out.println("the sum is:"+(x+y));
8       }
9       int add(int x,int y){//
10          System.out.println("the sum is:"+(x+y));
11          return x+y;
12      }
13      void add(int a,int b,int c){//
14          System.out.println("the sum is:"+(a+b+c));
15      }
16  }
```

```
17  class SubClass extends SuperClass
18  {
19      void add(int a,int b){//
20          System.out.println("the sum is:"+(a+b));
21      }
22      public void add(int a,int b){//②
23          System.out.println("the sum is:"+(a+b));
24      }
25      public void add(double a,double b){//
26          System.out.println("the sum is:"+(a+b));
27      }
28  }
```

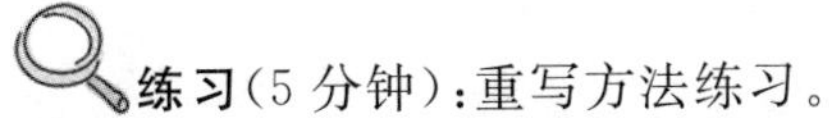

**练习**(5 分钟):重写方法练习。

**设计要求:**现有一个抽象类 Employee(关于抽象类的介绍请参考教材第 6 章),代码如下。其中发薪成员方法 paySalary()的功能尚未确定,要求自行制作两个子类 Seller(销售员)、Manager(经理),分别实现这两类工作人员的发薪功能。

| 行号 | EmpDemo.java |
| --- | --- |

```
1   abstract class Employee{
2       String name;//雇员姓名
3       double basicSalary;//基本工资
4       double totalSalary;//应付总工资
5       public Employee(){//默认构造方法
6       }
7       public Employee(String _name,double _basicSalary){//自定义构造方法
8           name=_name;
9           basicSalary=_basicSalary;
10      }
11      public abstract void paySalary();//发薪方法
12  }
13  class Seller extends Employee{
14      public void paySalary(){//需重写方法
15      }
16  }
17  class Manager extends Employee{
18      public void paySalary(){//需重写方法
19      }
20  }
21  public class EmpDemo {
```

```
22        public static void main(String[] args) {
23        }
24    }
```

其中销售员的薪水由基本工资和计时工资构成，假设销售员每天工作8小时，每小时10元，则其每月应发工资为：totalSalary＝basicSalary＋30 * 8 * 10。

经理的薪水由基本工资和年薪构成，假设经理的年薪为24000元，则其每月应发工资为：totalSalary＝basicSalary＋24000/12。

自行添加成员属性，完成此应用示例的成员属性、构造方法，并重写paySalary()方法。程序运行结果如图6-2所示。

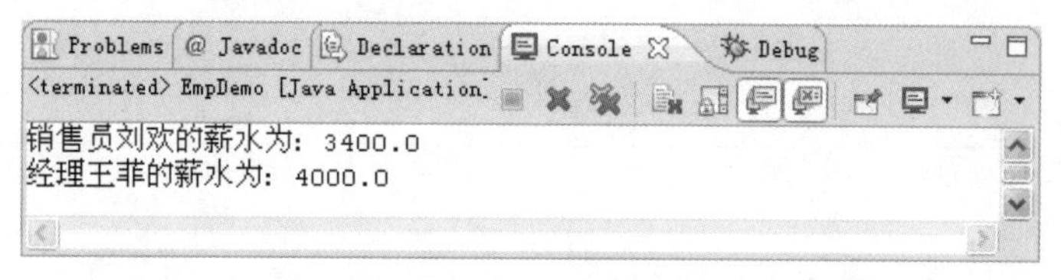


图6-2 程序运行结果10

**练习**(20分钟)：完成重写示例。

**代码提示**：Seller类代码如下：

| 行号 | EmpDemo. java |
|---|---|

```
1   class Seller extends Employee{
2       int hour=8;
3       double hourSalary=10;
4       public Seller(String _name,double _basicSalary,int _hour,double _hourSalary){
5           super(_name,_basicSalary);
6           hour=_hour;
7           hourSalary=_hourSalary;
8       }
9       public void paySalary(){
10          totalSalary=basicSalary+30 * hour * hourSalary;
11          System.out.println("销售员"+name+"的薪水为:"+totalSalary);
12      }
13  }
14  public class EmpDemo {
15      public static void main(String[] args) {
16          Employee e1=new Seller("刘欢",1000,8,10);
17          e1.paySalary();
18      }
19  }
```

请根据代码提示完成Manager类及其调用。

**任务三:方法封装(20 分钟)**

**指导**(5 分钟):封装的基本概念。

(1)封装的定义:把类的细节(特征)隐藏在类体内部,用户只能通过外部的公共接口来访问它们。

(2)封装具有下述特征:

- 在类的定义中设置属性访问权限为私有(private),使类外部不能直接访问该属性。
- 提供一个公共(public)方法来访问该属性,例如公有的 setter()方法或构造方法。
- 在公共(public)方法中对该属性进行合理性设置或安全性设置。

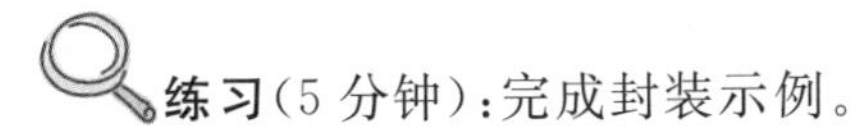

**练习**(5 分钟):完成封装示例。

**设计要求:**封装 Inherit.java 中的 Auto 类、Bus 子类,完成编写在主类中调用加速 speedup()方法和 gotOn()方法。

**练习提示:**

(1)把 Auto 类和 Bus 子类及方法封装在一个 Java 文件里。

(2)主类写在一个 Java 文件里。

(3)主类必须与 Auto 类、Bus 子类保存在同一个文件夹中。

封装 Auto 类、Bus 子类的代码已在继承的练习中给出。

原主类 Inherit 部分代码如下:

| 行号 | Inherit.java |
| --- | --- |

```
1  public class Inherit
2  {
3      public static void main(String args[])
4      {
5          Bus bus = new Bus();
6          bus.speed=20;//公共汽车启动到时速 20 公里
7          bus.speedup(30);//再加速 30 公里到时速 50 公里
8      }
9  }
```

现在将第 6 行代码修改为:bus.speed=1000;

就会产生如图 6-3 所示的效果。

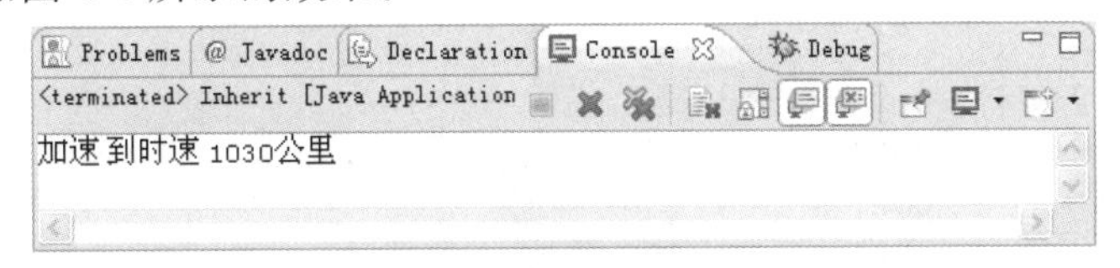


图 6-3　代码修改后的效果

显然,一辆公共汽车是不可能达到时速 1030 公里的(那是喷气式飞机的速度),造成这个结果的原因是我们在向 speed 属性输入值时没有进行合理的校验,为了保证类属性的合理或安全,可以采取封装的方式。下面我们为 Auto 类的 speed 属性设置一对 getter()

和 setter()方法,并在 setter()方法中设置合理值 300。

**练习**(10 分钟):完成对 speed 属性的封装。

**练习提示**:要求在 setter()方法中设置合理值,自行添加一个 if-else 判断,当执行下列代码时:

```
Bus bus = new Bus();
bus.setSpeed(1000);//设置汽车时速为 1000 公里
bus.speedup(30);
```

使车速不超过 300 公里。程序效果如图 6-4 所示。

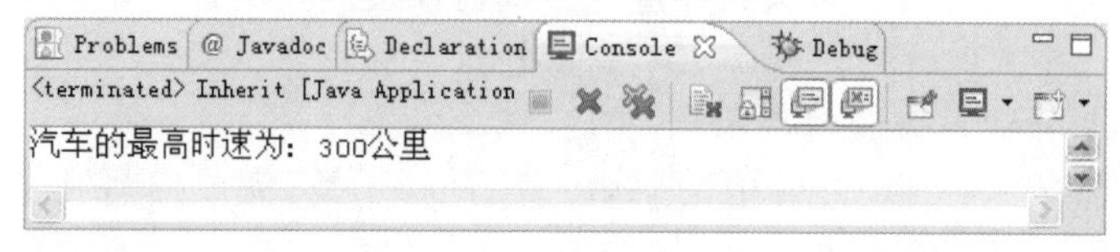


图 6-4 对 speed 属性的封装程序效果

代码提示如下:

| 行号 | Auto.java |
|---|---|

```
1   class Auto
2   {
3       private int speed;          //表示速度
4       Auto()
5       {
6           speed = 0;
7       }
8       //加速
9       public void speedup(int s)
10      {
11          speed += s;
12          if(this.speed>=300){
13              this.speed=300;
14              System.out.println("汽车的最高时速为:"+speed+"公里");
15          }
16          else{
17              System.out.println("加速到时速 "+speed+"公里");
18          }
19      }
20      public int getSpeed() {
21          return speed;
22      }
23      public void setSpeed(int speed) {
24          if(speed<=300){
25              this.speed = speed;
26          }
```

```
27            else{
28                this.speed=300;
29            }
30        }
31    }
```

## 第三部分　单元练习

**案例题目：**完成动物类 Animal 及其子类 Dog 和 Cat。完善 Talk()方法实现信息输出。

**设计要求：**当不同子类的实例调用 Talk()方法时产生不同的输出信息，例如：

```
此动物是德国黑贝，此动物属于犬科动物
此动物是波斯猫，此动物属于猫科动物
```

**设计思路：**代码提示如下：

(1)设计四个类，一个抽象父类 Animal，两个子类 Dog、Cat 和一个主类。

(2)抽象父类 Animal 有未实现的抽象方法 Talk()，自行设计它们的构造方法，特别是子类的构造方法，自行设计 showInfo()用于显示输出信息。

(3)代码框架如下：

| 行号 | Animal.java |
|---|---|

```
1   abstract class Animal{
2       String type;
3       public Animal(String type){
4               this.type=type;
5       }
6       public abstract void Talk();
7       public void showInfo(){
8       }
9   }
10  class Dog extends Animal{
11  }
12  class Cat extends Animal{
13  }
14  public class Diy_5_2_1 {
15      public static void main(String[] args) {
16          Dog doggie=new Dog("犬科动物","德国黑贝");
17          Cat kitty=new Cat("猫科动物","波斯猫");
18          doggie.showInfo();
19          kitty.showInfo();
20      }
21  }
```

请试着将程序完善。

# 实践七　类的高级特性和包

（练习时间：共 90 分钟×2）

## 第一部分　本次上机目标

**本次上机任务：**

任务一：使用接口完成发薪系统设计（90 分钟）

（1）抽象类与接口

（2）使用接口

任务二：练习打包与包调用（60 分钟）

（1）Java 访问控制规则

（2）包的使用示例

任务三：内部类与匿名类（30 分钟）

（1）内部类

（2）匿名类的使用意义

**应掌握的技能点：**

（1）掌握使用接口技术

（2）掌握包的设计方法

（3）了解定义在类中方法之外的内部类分为实例内部类和静态内部类

## 第二部分　上机实践

### 任务一：使用接口完成发薪系统设计（90 分钟）

**指导**（20 分钟）：抽象类与接口。

（1）抽象的意义

在大型工程中，实现的技术比较复杂，模块多，代码量大，涉及编程的相关人员较多，角色和任务也不尽相同，为了合理安排软件工程的开发工作，需要一部分资深程序员先对程序框架做整体设计，然后其他程序员在建立好的框架基础上再做更细致的编程。就好比建一座大厦要先建好钢筋混凝土框架再垒墙砖一样，抽象类和方法就是起到建立框架的作用。

类似的，接口是一个更“纯粹”的抽象类，使用接口可以很好地克服 Java 不支持多继承父类的限制，达到多继承的效果。

接口和抽象类类似，只是接口更关心功能组成，而不关心功能的实现，这部分工作由继承它们的具体子类完成。

(2)应用时如何选择抽象类或接口

如何选择抽象类还是接口？我们可以从两个角度考虑此问题：

其一：从代码的使用上考虑如何选择。

接口与抽象类的区别如下：

➢ 接口是一种“纯粹”的抽象类，它所有的方法都是抽象的（只有声明，没有定义）；而抽象类可以允许包含有定义的方法。

➢ 子类可以实现多个接口，但只能继承一个抽象类。

➢ 一个子类如果实现了一个接口，那么子类必须重写这个接口里的所有方法；抽象类的子类可以不重写抽象父类的所有方法，甚至可以不重写抽象父类的抽象方法，但这个子类会自然成为抽象类。

通过上面的对比，我们知道在代码的使用上如何选择使用抽象类还是接口。当然，需要重点提出的是：因为抽象类的子类可以不重写抽象父类的所有方法，所以有时使用抽象类代码更简练（例如后面要讲述的适配器类）；而在另外一些情况下（比如要实现多继承效果），就必须使用接口了。

其二：从构架程序的设计思想的角度上考虑如何选择。

抽象类的作用是实现行为，而不是定义行为，构建应用工程时如果需要定义行为，那么最好由接口来完成。比如，要创建一个程序构架，这个构架将由一些紧密相关的类构成，且所有类都会共享一个公共的行为实现，就可以使用抽象类。如果要创建将由一些不是由这些类对象必须采用的功能，就最好使用接口。

例如，前一节练习的类 EmpDemo、Seller 和 Manager，不管是销售员（Seller）还是经理（Manager），他们都应该有一个发薪的方法 paySalary()，这个时候就可以考虑将这个行为（paySalary()方法）直接置入类中，做成抽象类；但如果要实现各个类特有的属性或行为，而并非公共的属性或行为时，则应该使用接口完成。

例如，在前例的基础上我们再实现一个 Seller_Manager 类（销售经理），让其同时具有 Seller 类和 Manager 类的特性，比如，销售经理的薪水为：底薪＋时薪＋年薪，即：

totalSalary＝basicSalary＋30 * hour * daySalary＋yearSalary；

如果一定要由抽象类来实现，我们可以参照图 7-1 所示进行设计。

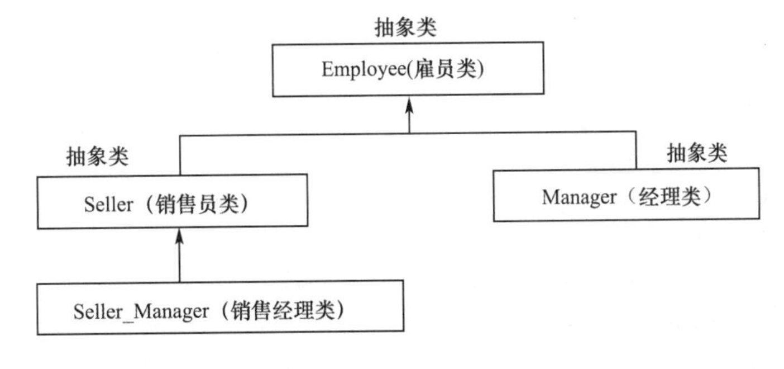


图 7-1 抽象类设计

代码如下：

| 行号 | EmpDemo. java |
|---|---|

```
1   abstract class Employee{
2       String name;//雇员姓名
3       double basicSalary;//基本工资
4       double totalSalary;//应付总工资
5       public Employee(){//默认构造方法
6       }
7       public Employee(String _name,double _basicSalary){//自定义构造方法
8           name=_name;
9           basicSalary=_basicSalary;
10      }
11      public abstract void paySalary();//发薪方法
12  }
13  abstract class Seller extends Employee{
14      int hour=8;
15      double daySalary=10;
16      public Seller(String _name,double _basicSalary,int _hour,double _daySalary){
17          super(_name,_basicSalary);//调用 Employee 类的构造方法
18          hour=_hour;
19          daySalary=_daySalary;
20      }
21      public abstract void paySalary();
22  }
23  abstract class Manager extends Employee{
24      double yearSalary=24000;
25      public Manager(String _name,double _basicSalary,double _yearSalary){
26          super(_name,_basicSalary);
27          yearSalary=_yearSalary;
28      }
29      public abstract void paySalary();
30  }
31  class Seller_Manager extends Seller{
32      double yearSalary=24000;
33      public Seller_Manager(String _name,double _basicSalary,int _hour,double _daySalary,
        double _yearSalary){
34          super(_name,_basicSalary,_hour,_daySalary);//调用 Seller 类的构造方法
35          yearSalary=_yearSalary;
36      }
37      public void paySalary(){
38          totalSalary=basicSalary+30 * hour * daySalary+yearSalary/12;
```

```
39            System.out.println("销售经理"+name+"的薪水为:"+totalSalary);
40        }
41    }
42    public class EmpDemo {
43        public static void main(String[] args) {
44            Employee e1=new Seller_Manager("周杰",1000,8,10,24000);
45            e1.paySalary();
46        }
47    }
```

程序运行结果如图 7-2 所示。

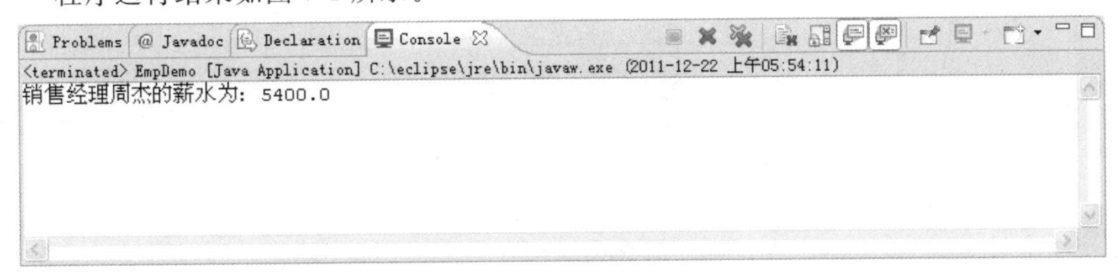


图 7-2 程序运行结果 11

**练习**(20 分钟):抽象类实例练习。

编辑并测试上面的示例代码。

**练习**(5 分钟):接口的特性。

假如有一个接口的简单书写格式如下,请将该接口的默认修饰符补充完整。

```
__________ interface Calculate{
    __________ double PI=3.14159265;//接口的属性默认为公有、静态的常量
    __________ int getArea(double radius);//接口的方法默认为公有、抽象的
}
```

**指导**(25 分钟):使用接口。

大家在使用前面的示例时可能发现源代码的一个问题,那就是 Seller_Manager 类(销售经理)本来应该是 Seller 和 Manager 类的一个公共子类才合适。但是在上例中,只把它设计成了 Seller 类的子类,这是不是设计上的一个缺漏呢?笔者认为的确是这样。但从代码书写的角度上来看,我们别无选择。因为 Java 不支持多继承,我们不可能将 Seller_Manager 类同时继承自 Seller 和 Manager 两个父类。那么该如何设计呢?我们可以借助接口的帮助。

大家可能注意到了:Seller 类中有属性 hour 和 daySalary,这是 Seller 类独有的特性;而 Manager 类中有属性 yearSalary,这也是 Manager 类独有的特性。既然不是三个超类(EmpDemo、Seller 和 Manager)共有的特性,我们就可以把它们隔离出来设计成接口,在需要的时候加以引用。

改造前示例，除类 EmpDemo、Seller 和 Manager 之外，再为 Seller 类设计一个接口 DayInfo，为 Manager 类设计一个接口 YearInfo，制作一个 Seller_Manager 类（销售经理），让其同时具有 Seller 和 Manager 类的特性，例如销售经理的薪水为：底薪＋时薪＋年薪，即 totalSalary＝basicSalary＋30 * hour * daySalary＋yearSalary/12。

设计继承类图如图 7-3 所示。

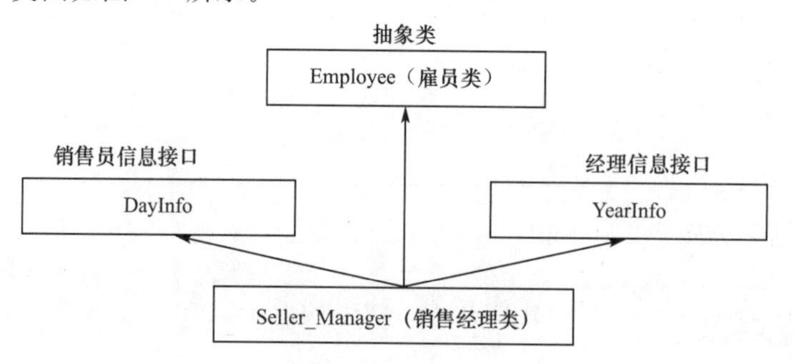


图 7-3 设计继承类图

代码如下：

| 行号 | EmpDemo.java |
| --- | --- |

```
1   /* 雇员抽象类 */
2   abstract class Employee{
3       String name;           //雇员姓名
4       double basicSalary;    //基本工资
5       double totalSalary;    //应付总工资
6       public Employee(){     //默认构造方法
7       }
8       public Employee(String _name,double _basicSalary){//自定义构造方法
9           name=_name;
10          basicSalary=_basicSalary;
11      }
12      public abstract void paySalary();//发薪方法
13  }
14  /* 计算计时工资的小时数和每小时工资数 */
15  interface DayInfo{
16      int hour=8;
17      double daySalary=10;
18  }
19  /* 计算年薪工资的年薪总数 */
20  interface YearInfo{
21      double yearSalary=24000;
22  }
23  /* 销售员类，扩展了 Employee 类并实现了 DayInfo 接口 */
24  class Seller extends Employee implements DayInfo{
```

```
25      public Seller(String _name,double _basicSalary){
26          super(_name,_basicSalary);//调用 Employee 类的构造方法
27      }
28      public void paySalary()
29      {
30          totalSalary=basicSalary+30 * hour * daySalary;
31          System.out.println("销售员"+name+"的薪水为:"+totalSalary);
32      }
33  }
34  /* 经理类,扩展了 Employee 类并实现了 YearInfo 接口 */
35  class Manager extends Employee implements YearInfo {
36      public Manager(String _name,double _basicSalary){
37          super(_name,_basicSalary);//调用 Employee 类的构造方法
38      }
39      public void paySalary(){
40          totalSalary=basicSalary+yearSalary/12;
41          System.out.println("经理"+name+"的薪水为:"+totalSalary);
42      }
43  }
44  /* 销售经理类,扩展了 Employee 类并实现了 DayInfo 和 YearInfo 接口 */
45  class Seller_Manager extends Employee implements DayInfo,YearInfo{
46      public Seller_Manager(String _name,double _basicSalary){
47          super(_name,_basicSalary);//调用 Employee 类的构造方法
48      }
49      public void paySalary(){
50          totalSalary=basicSalary+30 * hour * daySalary+yearSalary/12;
51          System.out.println("销售经理"+name+"的薪水为:"+totalSalary);
52      }
53  }
54  /* 主类 */
55  public class EmpDemo {
56      public static void main(String[] args) {
57          Employee e1=new Seller("刘欢",1200);
58          e1.paySalary();
59          Employee e2=new Manager("王伦",1000);
60          e2.paySalary();
61          Employee e3=new Seller_Manager("周杰",1500);
62          e3.paySalary();
63      }
64  }
```

程序运行结果如图 7-4 所示。

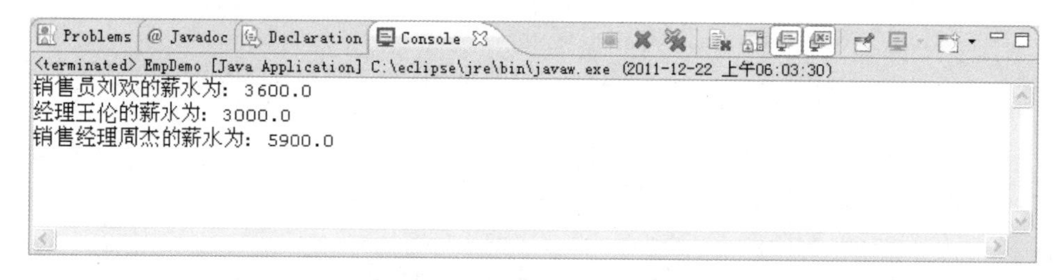


图 7-4 程序运行结果 12

此 Seller_Manager 类在具备雇员类 Employee 类基本特征的同时实现了 DayInfo 和 YearInfo 接口，使之具备了销售员和经理两个类的特征。

当然，接口不仅仅用于包含静态常变量，更主要的是用于包含方法（行为）的声明。在本示例中考虑到代码的简洁性，在接口中我们没有加入有关方法声明部分的代码。

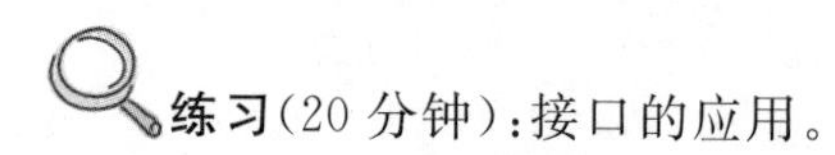**练习**(20 分钟)：接口的应用。

编辑并测试上面的示例代码。

**任务二：练习打包与包调用(60 分钟)**

**指导**(10 分钟)：Java 访问控制规则（包含包机制）。

访问控制修饰符有三种（public、protected 和 private），但修饰等级为四种（public、protected、缺省和 private），通常用于修饰类、成员方法和成员变量，但大致可以分为两种情况：

(1)修饰类和接口（只有 public 和缺省两种）。

(2)修饰成员方法或成员变量（包括 public、protected、缺省和 private 四种）。

Java 的成员访问控制修饰符作用见表 7-1（√号表示可以访问）。

**表 7-1　　Java 的成员访问控制修饰符作用**

| 访问途径 | 成员的修饰符 | | | |
|---|---|---|---|---|
| | private | 缺省 | protected | public |
| 同一类内的方法 | √ | √ | √ | √ |
| 同一包子类的方法 | × | √ | √ | √ |
| 同一包非子类的方法 | × | √ | √ | √ |
| 不同包子类的方法 | × | × | √ | √ |
| 不同包非子类的方法 | × | × | × | √ |

**指导**(20 分钟)：包的使用示例。

在前面我们制作了一个计算类 Calculate，现在对它引入完整包机制，代码如下：

| 行号 | Calculate. java |
|---|---|

```
1  package mypackage;
2  public class Calculate{ //类须声明为公有,以便包外调用
3      public static int add(int x,int y){
4          return(x+y);
5      }
6      //其他方法
7  }
```

| 行号 | Demo. java |
|---|---|

```
1  //主调类文件与被调文件 Calculate 类不在同一包中
2  package mydemo;
3  import mypackage.Calculate;
4  public class Demo{
5      public static void main(String args[]){
6          int a=3,b=5;
7          System.out.println(a+"+"+b+"="+Calculate.add(a,b));
8          //其他语句
9      }
10 }
```

假设包结构如下所示：

C:\mysrc\mypackage\Calculate. class

其中 mysrc 为存放资源文件的目录，Calculate. class 为被调文件。

D:\mydemo\Demo. class

其中 mydemo 为存放应用程序主调文件的目录，Demo. class 为主调文件。

则配置、编译及运行步骤如下：

(1)按照次序编译文件，先编译 Calculate. java，再编译 Demo. java。这是因为 Demo. java 程序中引用了 Calculate 类，如果找不到 Calculate. class 文件会提示编译错误。

编译格式为：

DOS 提示符>javac -d C:\mysrc Calculate. java

在 C:\mysrc 目录下，生成 mypackage 目录，内有 Calculate. class 文件，其完整路径为：

C:\mysrc\mypackage\Calculate. class

(2)配置 classpath 环境变量，在变量字符串后加入";C:\mysrc"。

(3)编译 Demo. java。

编译格式为：

DOS 提示符>javac -d d:\ Demo.java

在 D:\mydemo 目录下生成 Demo.class 文件，其完整路径为：

D:\mydemo\Demo.class

(4)最后解释执行 Demo.class 即可。

解释执行格式为：

DOS 提示符>java mydemo.Demo

运行过程截屏如图 7-5 所示。

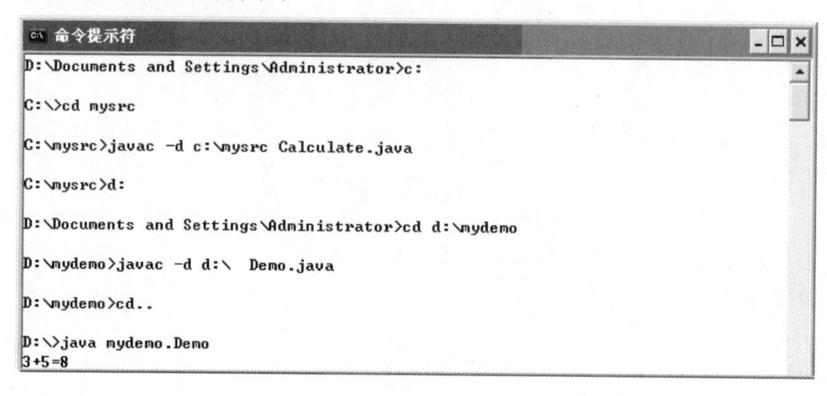


图 7-5 运行过程截屏

需要注意的是：

(1)在配置 classpath 环境变量时，配置的路径应该是类包所在的父包(C:\mysrc)，而不是 C:\mysrc\mypackage\。

(2)在编译主调文件时，Demo.class 文件所在的包 mydemo 应该是生成在 D:\下，所以不要将编译命令错写成：

javac -d D:\mydemo Demo.java //错误

会在 D:\mydemo 目录下再生成一个 mydemo 目录。

(3)执行主调类 Demo.class 时需要注意，如果在类源代码中写明了类所在的包(如：package mydemo;)，则在执行格式上也应写明类包路径的完整格式(如：java mydemo.Demo)，因为此时的 mydemo 子包在 D:\下，所以应切换 DOS 路径到 D:\下执行。不能如下执行：

D:\mydemo>java Demo //错误

**练习**(30 分钟)：将求最小值的程序打包，并根据源代码的包结构，在程序中引入求最小值的程序。

**练习提示：**

打包代码如下：

| 行号 | Cal.java |
|---|---|
| 1 | package a; |
| 2 | public class Cal { |

```
3        public int x, y;
4        public Cal(int a, int b) {
5            this.x = a;
6            this.y = b;
7        }
8        public int min() {
9            if (x < y) {
10               return (x);
11           } else {
12               return (y);
13           }
14       }
15   }
```

引入包代码如下：

| 行号 | TestMin.java |
|---|---|

```
1   import a.Cal;
2   public class TestMin {
3       public static void main(String args[]) {
4           int a = 16, b = 27;
5           int minnum;
6           Cal obj = new Cal(a, b);
7           minnum = obj.min();
8           if (minnum == a)
9               System.out.println("两个数中最小值为:" + a);
10          else
11              System.out.println("两个数中最小值为:" + b);
12      }
13  }
```

## 任务三：内部类与匿名类(30 分钟)

**指导**(5 分钟)：内部类。

内部类与继承类之间的逻辑关系对照表，见表 7-2。

**表 7-2　　内部类与继承类**

| | 逻辑关系 |
|---|---|
| 继承类(父子类之间) | 是 |
| 内部类(内外类之间) | 有 |

子类是父类的一个特例，例如：雇员类是经理类的超类，那么可以说经理是雇员。而内部类可看作为外部类的一部分，例如：飞机类中有内部类引擎类，那么可以说引擎是飞机的一部分，但不能说引擎就是飞机。

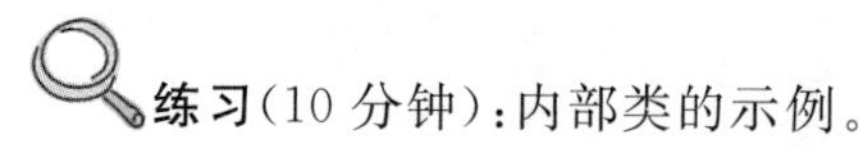

**练习**(10分钟)：内部类的示例。

阅读理论教材6.5节，并上机测试下面关于内部类和外部类的示例，注意观察编译后生成的class文件的文件名形式。

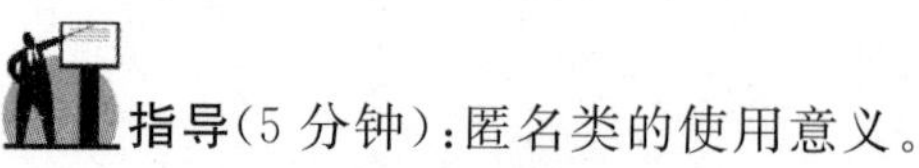

**指导**(5分钟)：匿名类的使用意义。

"匿名类"顾名思义就是"没有名字的类"。在某些编程场合下，比如，要使用的方法继承自某个接口或类，而且操作这些方法的实例在本类中只出现一次，就可以用匿名类来简化编程步骤。

**练习**(10分钟)：使用Eclipse的WindowBuilder插件生成匿名类样例代码。

关于Eclipse工具的使用，请读者参考理论教材附录的相关内容和多媒体视频教学课件。下面的代码来自Eclipse生成的TimerFrame窗体文件的匿名类样例代码。

行号

```
1  //add Window listener.
2  this.addWindowListener
3  (
4      new WindowAdapter() {
5          public void windowClosing(WindowEvent e) {
6              TimerFrame.this.windowClosed();
7          }
8      }
9  );
```

请读者自行使用Eclipse创建一个名称为Timer的Application，观察上面代码在程序中的作用。

## 第三部分　单元练习

**案例题目：**内部类的应用，实现一个有内部类引擎类的飞机类Plane。

**设计要求：**

(1)定义一个飞机类Plane，有内部类引擎类Engine。

(2)飞机可能带有一个或多个引擎。

(3)引擎类有类型属性，如：喷气式JET，螺旋式PROPELLER两个类型。

(4)实现一个喷气式飞机类的示例(jet)，它有两个引擎。

(5)输出信息如下：

| 共有 2 个引擎。<br>这是喷气式引擎<br>这是喷气式引擎 |
|---|

**设计思路:**代码提示

| 行号 | Diy_6_1. java |
|---|---|

```
1   class Plane{
2       Engine[] engine;
3       int engineNum;
4       public Plane(String _type,int _engineNum){ ……
5       }
6       public void showInfo(){……
7       }
8       class Engine{
9           private String type=null;//引擎类型有两种 JET 和 PROPELLER
10          public void setType(String _type){ ……
11          }
12          public void getType(){……
13          }
14      }
15  }
16  public class Diy_6_1 {
17      public static void main(String[] args) {
18          Plane aircraft=new Plane("JET",2);
19          aircraft. showInfo();
20      }
21  }
```

# 实践八 数组与字符串

（练习时间：共 90 分钟）

## 第一部分 本次上机目标

**本次上机任务：**

任务一：Java 数组（40 分钟）

- 数组的声明、定义与初始化格式复习
- 数组的应用：排序

任务二：字符串（50 分钟）

- 学习 String 类的特点及操作方法
- 学习 StringBuffer 类的特点及操作方法

**应掌握的技能点：**

- 理解二维数组的声明方法及空间分配
- 可以使用数组进行排序
- 理解 String 类和 StringBuffer 类

## 第二部分 上机实践

**任务一：Java 数组（40 分钟）**

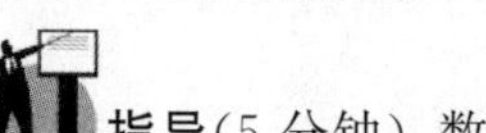

**指导**（5 分钟）：数组的声明、定义与初始化格式复习。

(1)Java 一维数组的声明、定义与初始化格式

```
数据类型 数组名[];
数据类型[] 数组名;
数据类型 数组名[]=new 数据类型[n];//n 为下标
数据类型[] 数组名=new 数据类型[n];
数据类型 数组名[]={初始值 0,初始值 1,…,初始值 n−1};
数据类型[] 数组名={初始值 0,初始值 1,…,初始值 n−1};
数据类型 数组名[]=new 数据类型[n]{初始值 0,初始值 1,…,初始值 n−1};
数据类型[] 数组名= new 数据类型[n]{初始值 0,初始值 1,…,初始值 n−1};
```

(2)Java 二维数组的定义格式

```
数据类型 数组名[][];
数据类型[][] 数组名;
数据类型[] 数组名[];
```

```
数据类型 数组名[][]=new 数据类型[m][n];//m 和 n 为下标
数据类型[][] 数组名=new 数据类型[m][n]{
    {初始值 00,初始值 01,…,初始值 0(n-1)};
    {初始值 10,初始值 11,…,初始值 1(n-1)};
    …
    {初始值(m-1)0,初始值(m-1)1,…,初始值(m-1)(n-1)}
};
```

其他形式略。

**练习**(5 分钟):数组定义与初始化格式练习。

说出下列数组定义和初始化的形式哪些是错误的?(注意区分编译错误和运行时错误)

```
(1)int a[]=new int[0];
   a[0]=3;
(2)int[] a;
   System.out.println(a[0]);
(3)int[] a=new int[3];
   System.out.println(a[0]);
(4)int[] a=new int[3]{1,2,3};
(5)String[] str=new String[]{"Tom","Marry","John"};
(6)String[] str=new String[]{new String("Tom"),new String("Marry"),new String("John")};
(7)String[] str={"Tom","Marry","John"};
(8)int[] a[]=new int[][]{{0,1},{2,3}};
(9)int[] a[]=new int[][]{1,2,3,4,5};
```

**指导**(10 分钟):数组的应用:排序。

常用的排序算法有:冒泡排序(沉底排序)、选择排序和插入排序等。这里重点介绍前两种排序。

(1)冒泡排序

冒泡排序是一个比较简单的排序方法。在待排序的数列基本有序的情况下排序速度较快。若要排序的数有 n 个,则需要 n-1 轮排序,在第 j 轮排序中,从第一个数开始,相邻两数比较,若不符合所要求的顺序,则交换两者的位置,直到第 n+1-j 个数为止,第一个数与第二个数比较,第二个数与第三个数比较,……,第 n-j 个数与第 n+1-j 个数比较,共比较 n-1 次。此时第 n+1-j 个位置上的数已经按要求排好,所以不参加以后的比较和交换操作。例如,第一轮排序:第一个数与第二个数进行比较,若不符合要求的顺序,则交换两者的位置,否则继续进行第二个数与第三个数比较,……,直到完成第 n-1 个数与第 n 个数的比较。此时第 n 个位置上的数已经按要求排好,它不参与以后的比较和交换操作;第二轮排序:第一个数与第二个数进行比较,……,直到完成第 n-2 个数与第 n-1 个数的比较;……;第 n-1 轮排序:第一个数与第二个数进行比较,若符合所要求的顺序，则结束冒泡排序；若不符合要求的顺序，则交换两者的位置，然后结束冒泡排序。共 n－1 轮排序处理，第 j 轮进行 n－j 次比较和至多 n－j 次交换。

从以上排序过程可以看出，较大的数像气泡一样向上冒，而较小的数往下沉，故称冒泡法(如果反方向排序，则称为“沉底法”，原理完全一致)。

具体实现可以参照下面的例子：

行号

```
1  public void bubbleSort(int a[])
2  {    int n=a.length;
3       for(int i=0;i<n-1;i++)
4       {    for(int j=0;j<n-i-1;j++)
5            {    if(a[j]>a[j+1])
6                 {    int temp=a[j];
7                      a[j]=a[j+1];
8                      a[j+1]=temp;
9                 }
10           }
11      }
12 }
```

(2)选择排序

选择法的原理是先将第一个数与后面的每一个数依次比较，不断将小的赋给第一个数，从而找出最小的，然后第二个数与后面的每一个数依次比较，从而找出第二小的，然后第三个数与后面的每一个数依次比较，从而找出第三小的，……，直到找到最后一个数。

具体的实现如下：

行号

```
1  public static void chooseSort(int x[]){
2       int n=x.length;
3       for(int i=0;i<n-1;i++)
4            for(int j=i+1;j<n;j++){
5                 if(x[i]<x[j]){
6                      int t;
7                      t=x[i];
8                      x[i]=x[j];
9                      x[j]=t;
10                }
11           }
12 }
```

练习(20 分钟):排序与数组综合练习应用实例

从键盘输入多个数,编写程序实现求多个数的最大值,运行结果如图 8-1 所示。

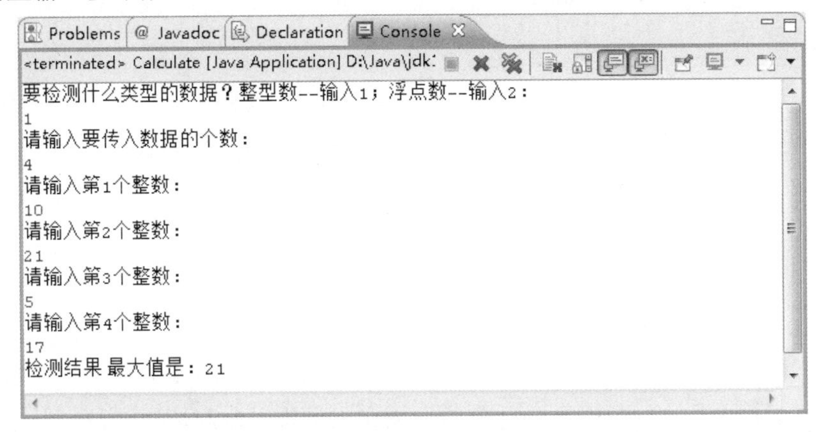


图 8-1　排序与数组综合练习

提示:

(1)可以选择使用上面两种排序算法之一求最大值。

(2)使用数组作为求最大值函数的传入参数,例如:

```
public static int getMax(int[] x);
public static double getMax(double[] x)
```

**任务二:字符串(50 分钟)**

**指导**(10 分钟):String 类的特点及操作方法。

字符串匹配算法,是指在一个字符串中寻找指定子串。利用 String 类所提供的搜索指定子串的方法,可以很容易地完成字符串匹配的算法。实现字符串匹配算法要用到以下这些方法。

int inti=indexOf(String):从前往后搜索指定子串第一次出现的位置,返回值是这个位置的下标。

int inti=indexOf(String,int):从指定位置开始,从前往后搜索指定子串第一次出现的位置,返回值是这个位置的下标。

int inti=lastIndexOf(String):从后往前搜索指定子串第一次出现的位置,返回值是这个位置的下标。

int inti=lastIndexOf(String,int):从指定位置开始,从后往前搜索指定子串第一次出现的位置,返回值是这个位置的下标。

str2=str1. substring(int strbegin,int strend):把以 strbegin 起始至 strend－1 结束之间的内容拷贝到另一个字符串中。

int length:属性,返回值表示字符串的长度。

如果没有搜索到指定的子串或字符,这些方法都会返回一个负值。

首先,从字符串的第一个字符开始搜索,找到指定子串第一次出现的位置。然后指定从这个位置之后开始搜索，找到指定子串下一次出现的位置。如此循环，当指定子串不再出现时，返回的位置就是负数，匹配也就结束。

下面是搜索指定子串的部分代码：

| 行号 | |
|---|---|
| 1 | while(n! =－1)//n为从前往后搜索出现子串位置的下标 |
| 2 | { |
| 3 | i=＋＋i;//计数 |
| 4 | str1=str1.substring(n＋L);//对字符串进行截取，L为子串的长度 |
| 5 | n=str1.indexOf(str2);//进行下一次查找相同的串 |
| 6 | } |

**练习**(10分钟)：利用String类的方法完成字符串匹配算法，实现在控制台输入字符串str1、str2，检索str2在str1中出现的次数。

**练习提示：**

从控制台输入字符串方法：

```
InputStreamReader stdin=new InputStreamReader(System.in);
BufferedReader bufin=new BufferedReader(stdin);
str1=bufin.readLine();//完成第一个字符串输入
str2=bufin.readLine();//完成第二个字符串输入
```

或者使用下面的输入方法：

```
Scanner input=new Scanner(System.in);
int a=input.nextInt();
```

例如我们输入下面一段Oracle公司关于Java的介绍："Oracle acquired Sun in 2010, and since that time Oracle's hardware and software engineers have worked side-by-side to build fully integrated systems and optimized solutions"，并在字符串中寻找Oracle子串，程序运行结果如图8-2所示。

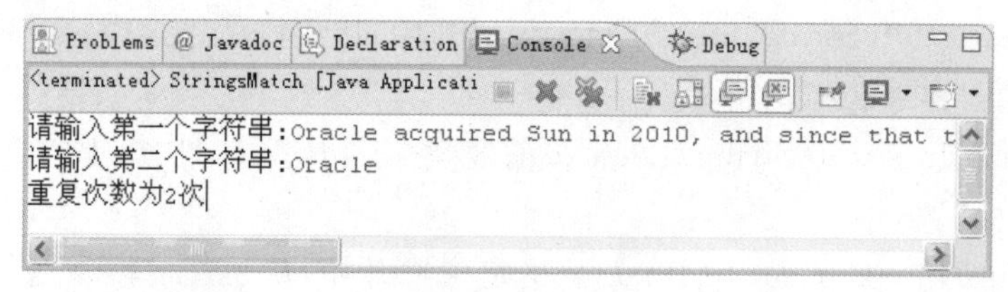


图8-2 程序运行结果13

**指导**(10分钟)：StringBuffer类的特点及操作方法。

对齐显示就是在字符串首和字符串尾添加适当的空格，有时字符串要分多行显示，前面的行直接输出，只有最后一行要进行添加空格的处理。例如，若显示A到Z 26个英文字母，每行欲显示10个字母，最后一行余下的字母必须添加空格处理，如图8-3所示。

```
A B C D E F G H I J
K L M N O P Q R S T
U V W S Y Z            //Java 默认显示方式

A B C D E F G H I J
K L M N O P Q R S T
空格U V W S Y Z空格    //居中对齐显示方式

A B C D E F G H I J
K L M N O P Q R S T
空格空格U V W S Y Z    //右对齐显示方式
```

图 8-3　A～Z 的显示方式

➢ 在左对齐显示时，剩余的字符只要直接输出即可。

➢ 在居中显示时，需要添加的空格总数是剩余字符与每行可显示的最大字符的差值。其中，首部添加一半，尾部添加一半。

➢ 在右对齐显示时，需要添加的空格总数也是剩余字符与每行可显示的最大字符的差值，全部添加在字符串首部。

StringBuffer append(char)：该方法的作用是追加内容到当前 StringBuffer 对象的末尾，类似于字符串的连接。调用该方法以后，StringBuffer 对象的内容也发生改变。

StringBuffer insert(int,char)：该方法的作用是将字符参数插入 StringBuffer 对象 int 参数指定的位置前面，然后形成新的字符串。

StringBuffer reverse()：该方法的作用是反转字符串缓冲区中字符的次序。

int length()：该方法的作用是获得字符串缓冲区中字符串的长度。

居中对齐显示程序代码如下：

**行号**

```
1   public void middisplay()//居中显示
2   {
3       //len、dis、front、tail 分别是最后一行显示的字符数、需要添加的空格总数、左边添加的
        空格数、右边添加的空格数
4       int len, dis, front, tail;
5       char space;
6       len = strBuf.length();//strBuf 为待显示的字符串
7       while (len > dntLen)//dntLen 是每行可显示的最大字符数
8       {
9           System.out.println(strBuf.substring(0, dntLen));
10          strBuf.delete(0, dntLen);
11          len = strBuf.length();
12      }
13      dis = dntLen - len;//计算出需要添加多少空格
14      front = dis / 2;//计算出左边要添加多少空格
15      tail = dis - front;//计算出右边要添加多少空格
16      space = ' ';
17      for (int i = 1; i <= front; i++)//在左边添加空格
```

```
18        {
19            strBuf=strBuf.insert(0, space);
20        }
21        for (int i = 1; i <= tail; i++)//在右边添加空格
22        {
23            strBuf=strBuf.append(space);
24        }
25        System.out.println(strBuf);      // 输出居中处理后的剩余字符
26    }
```

**练习**(20 分钟):根据用户需要,将指定字符串以左对齐显示、居中对齐显示、右对齐显示、反转字符串后左对齐显示、反转字符串后居中显示和反转字符串后右对齐显示,并且可以指定每行能显示的最大字符数。

**需求说明**:要求程序运行结果如图 8-4 所示。

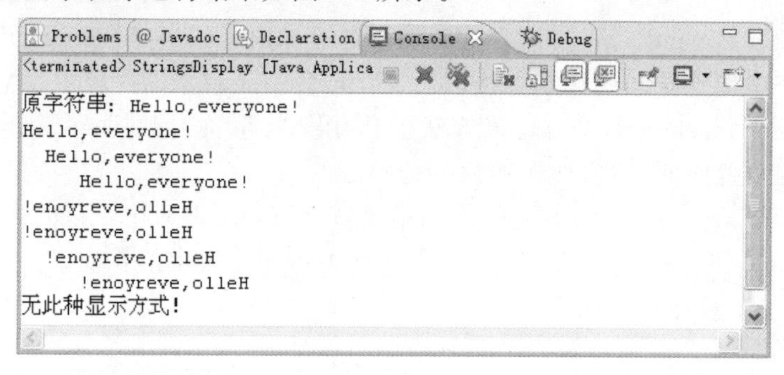


图 8-4 程序运行结果 14

## 第三部分 单元练习

**案例题目**:不使用 Integer.toBinaryString(int)语句,自行设计程序完成十进制数向二进制数的转换。

**设计要求**:从键盘上输入一个整数,得到其二进制数。

**设计思路**:

(1)用循环和数组,在循环内部对 2 取模,将商和模数暂时存储在临时变量中,连续对 2 取模直到商为 0 时为止。例如:

decimalNum 为从键盘输入的十进制数,binallyNum[i]为存储二进制数的数组,count 为循环次数。

```
for(int i=0;i<count;i++){
    binallyNum[i]=decimalNum%2;
    decimalNum=decimalNum/2;
}
```

(2)判断循环次数 count 时,可以使用 for 循环先进行计算,再使用 while 循环来判断。例如:while(decimalNum! =0)。

# 实践九　异常处理

（练习时间：共 90 分钟）

## 第一部分　本次上机目标

**本次上机任务：**

任务一：异常的使用(20 分钟)

- 学习异常处理的使用时机
- 理解错误处理的必要性

任务二：throw 与 throws(30 分钟)

- 学习 throw 与 throws 的区别

任务三：自定义异常类(40 分钟)

- 学习如何自定义异常类

**应掌握的技能点：**

- 掌握异常处理方法
- 了解常见异常的捕获方法

## 第二部分　上机实践

**任务一：异常的使用(20 分钟)**

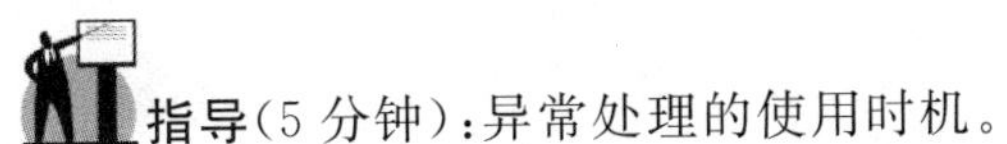

**指导**(5 分钟)：异常处理的使用时机。

程序运行过程中发生的异常事件，简称异常(Exception)。Exception 类是所有异常类的父类，其子类可分为两种：运行时异常(RuntimeException)和其他类型的异常。运行时异常(RuntimeException)是程序运行过程中出现的问题，如：数组下标越界异常 IndexOutOfBoundsException、数学异常 ArithmeticException 等。

如果是可以预料到的，通过简单的表达式修改或代码校验就可以处理好的，就不必使用异常(如运行时异常中的数组越界或除数为 0)，这是因为 Java 的异常都是异常类的对象，系统处理对象所占用的处理时间远比基本的运算要多得多，这也是为什么 RuntimeException 建议不做处理的原因。建议将异常用于无法预料或无法控制的情况(如打开远程文件)。

**指导**(5 分钟)：错误处理的必要性。

测试教材例 8-1，注意观察并测试其中的错误处理语句(去除 try{}……catch(){}是否可以)，以了解在 Java 中使用错误处理的必要性。

**练习**(10 分钟):多个 catch 块的示例。

下面代码块中可能产生了多个异常,由多个 catch 块处理。

| 行号 | ThrowsDemo. java |
|---|---|

```
1  public class ThrowsDemo {
2      public static void main(String[] args) {
3          try {
4              int num1=Integer. parseInt(args[0]);
5              int num2=Integer. parseInt(args[1]);
6              System. out. println(num1+"/"+num2+"="+num1/num2);
7          }catch (NumberFormatException ex){
8              System. out. println("你输入了非数字!");
9          }catch (ArrayIndexOutOfBoundsException ex){
10             System. out. println("你输入的数字个数不对!");
11         }catch (ArithmeticException ex){
12             System. out. println("输入的除数不能为 0!");
13         }catch (Exception ex){
14             System. out. println("其他类型异常产生!");
15         }
16     }
17 }
```

程序运行结果如图 9-1 所示。

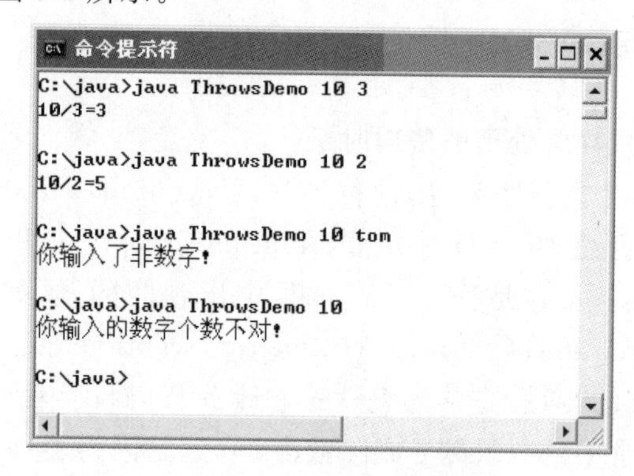


图 9-1 程序运行结果 15

**任务二:throw 与 throws(30 分钟)**

**指导**(10 分钟):理解 throw 与 throws 的区别。

对于 throw 与 throws 两个关键字作用的区别,这里有一个有趣的比喻:

(1)对于 throw:I throw a Exception! (“我抛出一个异常了!”)

(2)对于 throws:He maybe throws this kinds of Exception.(“他或许会抛出这种类型的异常。”)

throw 是英语第一人称,强调是主动抛出异常。throws 是英语第三人称,强调某个代码块可能产生什么类型的异常。

throw 语句用于显式地引发异常,程序执行流程将在此处停止,不会继续执行后面的语句。throw 语句将程序执行控制权交给 catch 语句,由 catch 语句决定其后的流程。所以 throw 语句本质上与 break、continue、return 等语句一样,都属于跳转语句。

throws 语句用于声明可能产生的异常。在当前代码块中没有或没法处理的部分异常,在此处声明,以便于使用它的其他程序员能够正确处理。

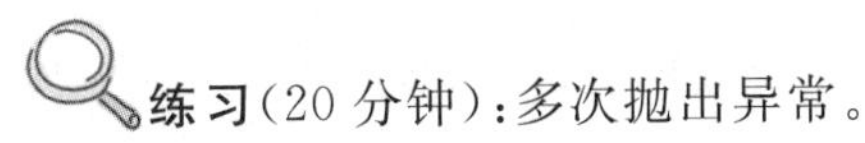
**练习**(20 分钟):多次抛出异常。

阅读并测试教材示例 8-5,了解这两个关键字的用法。

阅读并测试下面的代码,了解如何使用关键字 throw 和 throws 处理多次抛出的异常。

| 行号 | ThrowsDemo.java |
|---|---|

```
1  public class ThrowsDemo {
2      public static void DealWithException(){
3          try {
4              throwException();
5          }
6          catch (Exception ex) {
7              System.out.println("再次捕获了内部异常 NullPointerException!");
8              System.out.println(ex.getMessage()+"再次接收处理!");
9          }
10     }
11     public static void throwException()throws NullPointerException{
12         try{
13             throw new NullPointerException("");
14         }catch(NullPointerException e){
15             System.out.println("已经捕获了内部异常 NullPointerException,开始处理!");
16             throw new NullPointerException(e.toString()+"内部处理!");//再次抛出异常
17         }
18     }
19     public static void main(String[] args) {
20         DealWithException();
21     }
22 }
```

程序运行结果如图 9-2 所示。

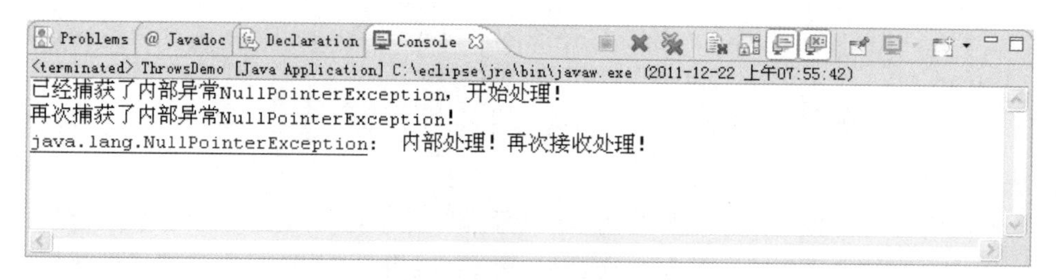


图 9-2 程序运行结果 16

**任务三:自定义异常类(40 分钟)**

**指导**(5 分钟):如何自定义异常类。

自定义的异常类可以继承 Exception 类和子类,在需要的位置用 throw 关键字引发即可。

**练习**(35 分钟):使用自定义异常类的示例。

自定义一个可以检测输入英文字母 ASCII 码的异常类,例如:如果输入 127,则提示“超出字母范围的数字”;输入 97 的值,则正确显示“字母为:a”。

提示:英文字母的 ASCII 码范围是 A～Z(65～90),a～z(97～122)。

| 行号 | AsciiCode.java |
|---|---|

```
1   /**
2   *这个类创建用户自定义异常类
3   */
4   class LetterCodeException extends Exception {
5       /**
6        *此方法返回 ByteSizeException  消息
7        */
8       LetterCodeException() {
9           System.out.println("\n 超出字母范围的数字");
10      }
11  }
12  /**
13   *这是主类,用于计算字节大小
14   */
15  public class AsciiCode  {
16      /**
17       *类和应用程序的唯一进入点
18       * @param args 字符串参数的数组
19       */
20      public static void main(String args[]) {
21          int num = Integer.parseInt(args[0]);
22              try {
```

```
23                if((num>=65 && num<=90)||(num>=97 && num<=122)) {
24                    System.out.println("\n 字母为："+(char)num);
25                }else{
26                    throw new LetterCodeException();
27                }
28            } catch (LetterCodeException e) {}
29        }
30    }
```

输入 java AsciiCode 127，程序运行结果如图 9-3 所示。

图 9-3　程序运行结果 17

输入 java AsciiCode 97，程序运行结果如图 9-4 所示。

图 9-4　程序运行结果 18

请仔细理解并测试上面的示例。

## 第三部分　单元练习

**案例题目：**自定义异常

**设计要求：**

(1)自定义一个异常类 AssistanceException。

(2)自定义一个补发工资类 Assistance，其中有 calculateAge()方法用于判断职工年龄是否应该补发职工工资，其中年龄大于 50 岁的职工工资增加 200 元。如果不足 50 岁，引发异常提示“您不到补发工资的年龄！”。显示信息如下：

```
您的年龄是 53 岁
补发工资成功！
您的年龄是 45 岁
您不到补发工资的年龄！
```

(3)在主类输入实际年龄。

**设计思路**:代码提示如下:

行号

```
1  class AssistanceException extends Exception{
2       AssistanceException(String message){ super(message);   }
3  }
4  class Assistance{
5       public void calculateAge(int age)throws AssistanceException{……}
6  }
```

# 实践十　GUI界面设计

（练习时间：共 90 分钟）

## 第一部分　本次上机目标

**本次上机任务：**

任务一：练习 AWT 组件(10 分钟)

- 复习 AWT 包中的组件层次关系

任务二：应用布局管理器的 GUI 设计示例(40 分钟)

- 熟悉制作窗口的代码模板
- 了解并使用布局管理器

任务三：容器嵌套(30 分钟)

- 布局管理器嵌套的综合练习

任务四：GridBagLayout 布局管理器(10 分钟)

- 了解 GridBagLayout 布局管理器的使用

**应掌握的技能点：**

- 熟练掌握 AWT 组件的使用
- 熟练使用各种布局管理器设计 GUI 程序界面

## 第二部分　上机实践

### 任务一：练习 AWT 组件(10 分钟)

**练习**(10 分钟)：AWT 包中的组件层次关系。

参考教材图 9-3 和 JDK API 文档，写出下面组件的父类。

(1)TextField

(2)Applet

(3)Panel

(4)Frame

(5)MenuBar

(6)Button

### 任务二：应用布局管理器的 GUI 设计示例(40 分钟)

**指导**(10 分钟)：熟悉制作窗口的代码模板。

启动 JCreator 新建一个 Basic Application 工程，工程名为“MyApp”。将自动生成两

个文件:MyApp 和 MyAppFrame(不同的 IDE 生成的代码略有不同)。这里简要介绍一下这两个文件的代码:

(1)主类文件

| 行号 | MyApp. java |
|---|---|

```
1  /**
2   * 这是工程的主类文件
3   */
4  public class MyApp {
5      public static void main(String[] args) { //程序入口
6          //创建一个窗体类 MyAppFrame 的实例 frame
7          MyAppFrame frame = new MyAppFrame();
8          //显示窗体
9          frame.setVisible(true);
10     }
11 }
```

(2)被调窗体类

| 行号 | MyAppFrame. java |
|---|---|

```
1  import java.awt.*;
2  import java.awt.event.*;
3  /**
4   * 窗体类
5   */
6  public class MyAppFrame extends Frame { // 继承自窗体父类 Frame
7      /**
8       * 构造方法
9       */
10     public MyAppFrame() {
11         MenuBar menuBar = new MenuBar(); //构造菜单栏
12         Menu menuFile = new Menu(); //构造菜单
13         MenuItem menuFileExit = new MenuItem(); //构造菜单项
14         menuFile.setLabel("File"); //为菜单设置标签文字
15         menuFileExit.setLabel("Exit");
16         //为 menuFileExit 菜单添加动作监听器
17         menuFileExit.addActionListener(
18             new ActionListener() { //动作监听器的匿名实例
19                 public void actionPerformed(ActionEvent e) {
20                     //动作接口 ActionListener 中的方法,用以处理鼠标单击或回车
                       动作
```

```
21                      MyAppFrame.this.windowClosed();//窗口关闭
22                  }
23              }
24          );//上述代码作为 addActionListener()方法的参数,主要用以确定监听器以及
              触发 Action 动作后的程序响应
25          menuFile.add(menuFileExit);//将 menuFileExit 菜单加入菜单 menuFile 中
26          menuBar.add(menuFile);//将 menuFile 菜单加入菜单栏 menuBar 中
27          setTitle("MyApp");//为当前窗体设置标题文字
28          setMenuBar(menuBar);//为当前窗体设置菜单栏 menuBar
29          setSize(new Dimension(400, 400));//设置当前窗体的大小
30          //为当前窗体添加窗体监听器
31          this.addWindowListener(
32              new WindowAdapter() { //窗体监听器的匿名实例
33                  public void windowClosing(WindowEvent e) {
34                  //窗体接口 WindowListener 中的方法,用以处理窗口关闭动作,例如
                      单击窗体的关闭按钮图标
35                  MyAppFrame.this.windowClosed();//调用窗口关闭方法 windowClosed()
36                  }
37              }
38          );  //上述代码作为 addWindowListener()方法的参数,主要用以确定监听器以
                及触发 window 动作后的程序响应
39      }
40      /**
41       * 自定义的方法,处理当关闭窗体时,应用程序就退出
42       */
43      protected void windowClosed() {
44          System.exit(0);//程序退出
45      }
46  }
```

程序运行后会生成一个空窗体。我们可以直接将组件建立在被调窗体类 MyAppFrame 中。

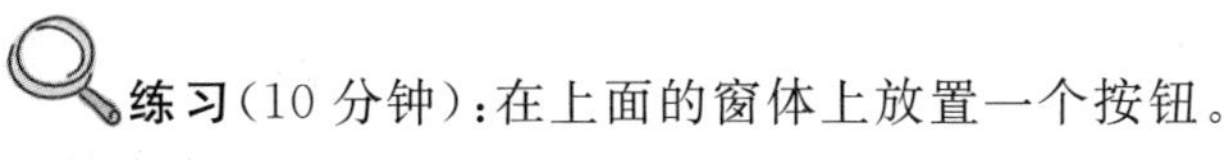

**练习**(10 分钟):在上面的窗体上放置一个按钮。

自行将代码放入指定的位置。

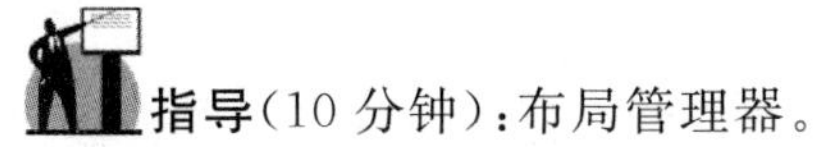

**指导**(10 分钟):布局管理器。

理论教材重点介绍了 FlowLayout、BorderLayout、GridLayout、CardLayout 四种布局,GridBagLayout 虽然功能强大但极其复杂,因此将在后继的可视化设计实践课上介绍。

四种布局的特点总结如下：

(1)FlowLayout(流水式布局)

①FlowLayout 把组件按照从左到右、从上到下的顺序逐次排列，组件排满容器的一行，会自动切换到下一行继续排列。

②FlowLayout 是 Panel 类及其子类(如：Applet)的默认布局。

(2)BorderLayout(边界式布局)

①BorderLayout 按照位置将容器划分为五个区域："North""South""West""East""Center"；分别代表："上""下""左""右""中"五个位置。

②BorderLayout 是 Window 类及其子类(如：Frame、Dialog)的默认布局。

(3)GridLayout(网格式布局)

GridLayout 将容器分隔成若干行列规则的网格，网格中各单元格大小完全一致，组件添加时按照从左到右、先行后列的方式排列，即组件先添加到网格的第一行的最左边的单元格，然后依次向右排列，如果排满一行就自动切换到下一行继续排列。

(4)CardLayout(卡片式布局)

①CardLayout 将容器中的每个组件看作一张卡片。一次只能看到一张卡片，而容器充当卡片的堆栈。第一个添加到 CardLayout 容器中的对象组件为可见组件。

②CardLayout 提供了一组方法来浏览容器中的卡片。

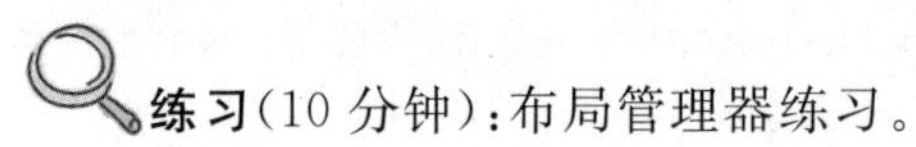
**练习**(10 分钟)：布局管理器练习。

测试理论教材中的示例，观察各种布局管理器的布局特点。根据演示结果回答下列问题(多选)：

(1)FlowLayout 布局的特点(　　)。

A. 是 Panel 的默认布局

B. 是 Frame 的默认布局

C. 是 Applet 的默认布局

D. 当容器在水平或垂直方向上延伸时，组件不改变大小，但改变位置以自动填充容器改变后的空间

(2)BorderLayout 布局的特点(　　)。

A. 当容器在水平或垂直方向上延伸时，其中的组件也在水平或垂直方向上延伸，以适应容器的大小

B. 当容器在水平方向上延伸时，North 和 South 方向上的组件随之延伸

C. 当容器在水平方向上延伸时，East、West、North、South 和 Center 方向上的组件都随之延伸

D. 当将两个按钮连续添加到 Frame 上时，只能在 Center 位置上显示最后一个组件

E. 是 Window 类的子类的默认布局

(3)GridLayout 布局的特点(　　)。

A. 布局将容器划分为规则的矩形网格，添加的组件依次按顺序添加到网格中

B. 当容器改变大小时，组件大小也随之改变

C. 当容器改变大小时，组件大小不变，但位置发生改变

(4)CardLayout 布局的特点(　　)。

A. 组件自动占满整个容器

B. first()、previous()、next()和 last()都是卡片式布局的方法

C. 将一个容器 con 作为卡片加入此布局的容器的方法是 add(String，con)

D. 可以将多个卡片容器加入一个卡片式布局的容器中，但默认只能显示最上面的一个

**任务三：容器嵌套(30 分钟)**

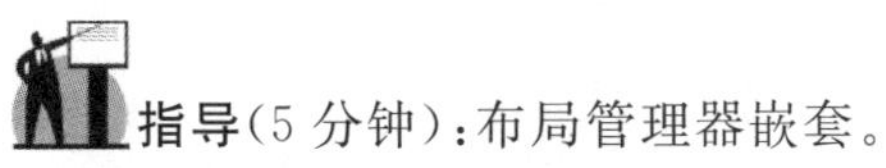

**指导**(5 分钟)：布局管理器嵌套。

窗体包含了面板，面板又包含了子面板，这种容器互相套用的布局形式称为“容器嵌套”。

以容器嵌套设计 GUI 布局时需要注意：

(1)容器嵌套使用的中间容器一般为面板类 Panel。

(2)容器嵌套不要超过三层以上，否则会使构造过于复杂，这时可以考虑使用 GridBagLayout 布局。

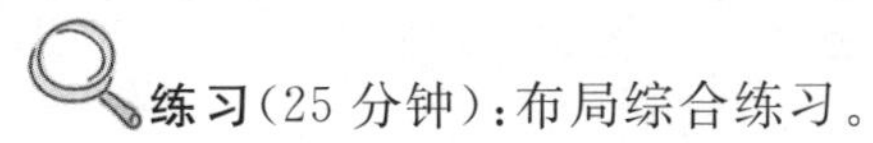

**练习**(25 分钟)：布局综合练习。

练习设计如图 10-1 所示的布局和组件，自行决定布局的形式和中间面板的个数。

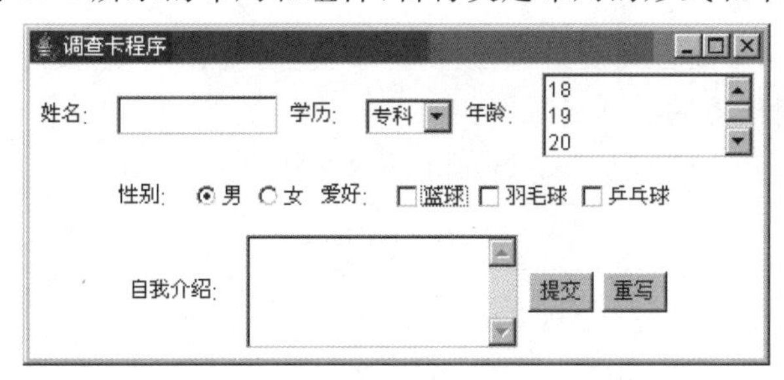


图 10-1　布局和组件

**任务四：GridBagLayout 布局管理器(10 分钟)**

**指导**(10 分钟)：GridBagLayout 布局管理器的使用。

GridBagLayout 布局管理器是所有 AWT 布局管理器当中最复杂的，同时也是功能最强大的布局管理器。这源于它所提供的众多的可配置选项，它几乎可以完全地控制容器中每个组件的位置和大小等布局方式。虽然 GridBagLayout 很复杂，但是只要理解其基本思想，也很容易使用。

GridBagLayout 从它的名字中也可以猜到，它同 GridLayout 一样，是在容器中以网格形式来管理组件，但 GridBagLayout 功能要比 GridLayout 强大得多。

(1)GridBagLayout 管理的所有行和列都可以是大小不同的。

(2)GridLayout 把每个组件限制到一个单元格,而 GridBagLayout 则不同,组件在容器中可以占据任意大小的矩形区域,就是说在 GridBagLayout 中,每个组件都可以横跨或纵跨多个单元格。

GridBagLayout 用一个专用类 GridBagConstraints 来对其布局行为进行约束。类 GridBagConstraints 的所有成员属性都是 public。布局的基本思路是:在对容器进行布局前,需先对这些约束变量进行设置,设置完成后,这些组件的大小和位置就确定了,然后再将组件放置在容器中。

以下是 GridBagConstraints 的公有成员变量:

public int anchor

public int fill

public gridheight

Public gridweight

public girdx

public gridy

public Insets insets

public int ipadx

public int ipady

public double weightx

public double weighty

看起来有很多约束属性需要进行设置,但事实上我们可以定义一个方法模块来设置约束属性,对多个组件重用。

阅读下面的代码,了解 GridBagLayout 的语法特点。

| 行号 | **NamePass. java** |
|---|---|

```
1   import java. awt. * ;
2   import javax. swing. * ;
3   import java. awt. event. * ;
4   public class NamePass extends JFrame
5   {
6       void buildConstraints(GridBagConstraints gbc,int gx,int gy,int gw,int gh,int wx,int wy)
        //自定义的构建约束属性的方法
7       {
8           gbc. gridx=gx;
9           gbc. gridy=gy;//组件单元坐标
10          gbc. gridweight=gw;//
11          gbc. gridheight=gh;//组件跨单元格的数量
12          gbc. weightx=wx;
13          gbc. weighty=wy;//组件在某方向上的比例值
14      }
```

```
15      public NamePass() //构造方法
16      {
17          super("username and password");
18          setSize(290,110);
19          GridBagLayout gridbag=new GridBagLayout();
20          GridBagConstraints constraints=new GridBagConstraints();
21          JPanel pane=new JPanel();
22          pane.setLayout(gridbag);
23          //Name Label
24          buildConstraints(constraints,0,0,1,1,10,40);
25          constraints.fill=GridBagConstraints.NONE;
26          constraints.anchor=GridBagConstraints.EAST;
27          JLabel label1=new JLabel("name:",JLabel.LEFT);
28          gridbag.setConstraints(label1,constraints);
29          pane.add(label1);
30          //Name text field
31          buildConstraints(constraints,1,0,1,1,90,0);
32          constraints.anchor=GridBagConstraints.HORIZONTAL;
33          JTextField tfname=new JTextField();
34          gridbag.setConstraints(tfname,constraints);
35          pane.add(tfname);
36          //password label
37          buildConstraints(constraints,0,1,1,1,0,40);
38          constraints.fill=GridBagConstraints.NONE;
39          constraints.anchor=GridBagConstraints.EAST;
40          JLabel label2=new JLabel("password:",JLabel.LEFT);
41          gridbag.setConstraints(label2,constraints);
42          pane.add(label2);
43          //password text field
44          buildConstraints(constraints,1,1,1,1,0,0);
45          constraints.fill=GridBagConstraints.HORIZONTAL;
46          JPasswordField tfpass=new JPasswordField();
47          tfpass.setEchoChar('*');
48          gridbag.setConstraints(tfpass,constraints);
49          pane.add(tfpass);
50          //ok button
51          buildConstraints(constraints,0,2,2,1,0,20);
52          constraints.fill=GridBagConstraints.NONE;
53          constraints.anchor=GridBagConstraints.CENTER;
54          JButton okb=new JButton("ok");
55          gridbag.setConstraints(okb,constraints);
56          pane.add(okb);
```

```
57              //content pane
58              setContentPane(pane);
59          }
60          public static void main(String[] args)
61          {
62              NamePass frame=new NamePass();
63              ExitWindows exit=new ExitWindow();
64              frame.addWindowListener(exit);
65              frame.show();
66          }
67      }
68      class ExitWindow extends WindowAdapter
69      {
70          public void windowClosing(WindowEvent e)
71          {
72              System.exit(0);
73          }
74      }
```

## 第三部分 单元练习

**案例题目**:设计如下的 GUI,布局形式自行决定。

**设计要求**:使用布局嵌套实现如图 10-2 所示调查卡界面。

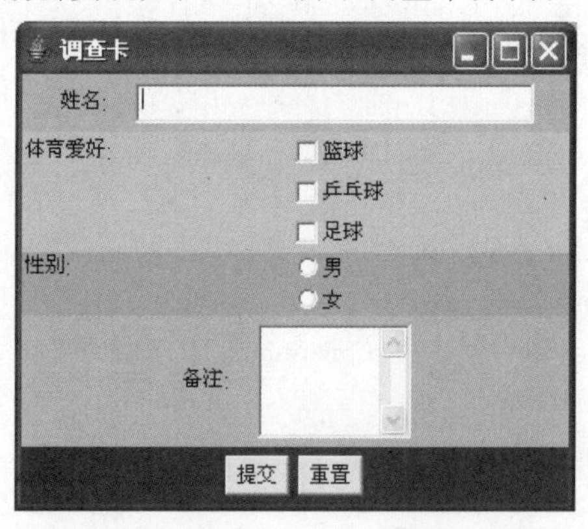


图 10-2 调查卡界面

# 实践十一　Swing组件GUI设计

（练习时间：共 90 分钟）

## 第一部分　本次上机目标

**本次上机任务：**

任务一：使用 Swing 组件构造 GUI（30 分钟）

➢ 了解构造 Swing GUI 的基本方法

任务二：使用 Swing 组件设计 GUI 示例（60 分钟）

➢ Swing 组件 JInternalFrame 介绍

**应掌握的技能点：**

➢ 掌握 Swing 应用 UI 界面的构建方法

➢ 掌握使用 Swing 组件 JInternalFrame 等类构造 MDI 子窗体的方法

## 第二部分　上机实践

**任务一：使用 Swing 组件构造 GUI（30 分钟）**

**指导**（10 分钟）：构造 Swing GUI 的基本方法。

同 AWT 容器组件一样，Swing 容器也分为顶级容器和中间容器。顶级容器如 JFrame、JDialog，中间容器主要指 JPanel。

因为 Java 不允许直接将组件添加在 Swing 顶级容器中，因此需要在 Swing 顶级容器中先创建一个中间容器，然后将组件添加到中间容器，这是与 AWT 组件的不同之处，例如：向窗体上添加一个按钮的步骤为：

```
JPanel jPanel=(JPanel)this.getContentPane();
JButton jb1=new JButton("OK");
jPanel.add(jb1);
```

按钮效果图如图 11-1 所示。

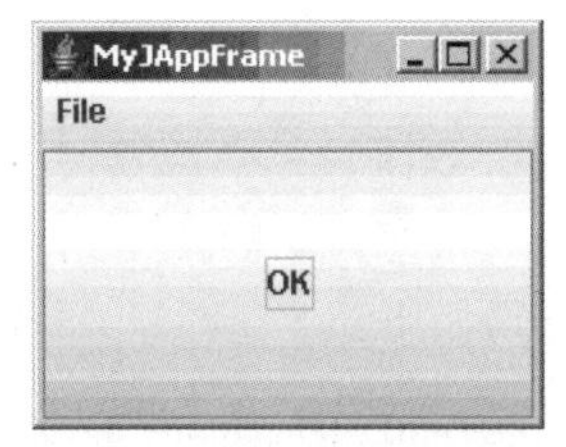


图 11-1　按钮效果图

**练习**(20 分钟):向 Swing 窗体上添加组件。

(1)编辑并测试理论教材例 9-12,观察使用 Swing 容器构建 GUI 的特点。

(2)使用 IDE 创建一个 Swing Application,将一个按钮添加到窗体中部,如图 11-2 所示,并为菜单和按钮实现简单的事件处理效果,例如:单击菜单项或按钮,控制台输出“hello”。

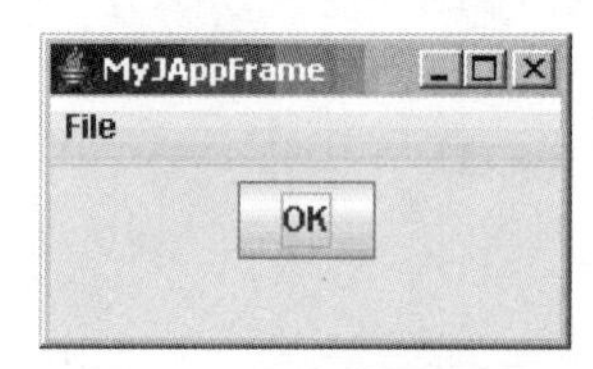


图 11-2 添加按钮效果显示

**练习提示:**

构建 Swing UI 界面和事件处理时可以使用 AWT 组件的布局类和事件处理类。

**任务二:使用 Swing 组件设计 GUI 示例(60 分钟)**

**指导**(20 分钟):Swing 组件 JInternalFrame 介绍。

在理论教材中,限于篇幅,没有过多地介绍各种 Swing 组件的使用,本节介绍一个颇具特色的 Swing 组件 JInternalFrame,以此了解 Swing UI 界面的一些构造特点。

Swing 组件的层次图可以参考理论教材第 9 章图 9-16。本阶段要实现一个 MDI 窗体应用程序,子窗体类由 JInternalFrame 实现。而 JInternalFrame 继承自 JComponent 组件,是一个轻量级的组件,因此可以实现与主机操作系统完全不同的 Look and Feel(界面外观)。但要实现 MDI 的功能,还必须借助 JDesktopPane 类,它是一个分层面板,可以管理 JIntenalFrame 的显示等,我们在实现程序的时候应该将 JInternalFrame 加入 JDesktopPane 中从而方便管理。

需要注意的是,JDesktopPane 需要完成设置大小等初始化工作,然后才能添加到主窗体的中间面板上,如图 11-3 所示。

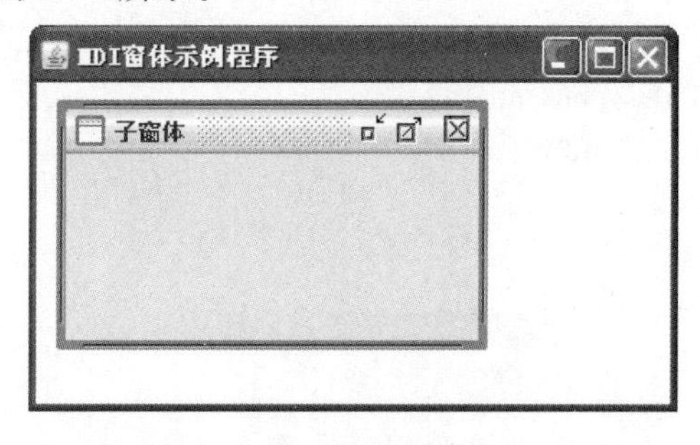


图 11-3 Swing 组件的层次图

创建并显示 MDI 子窗体的代码如下:

| 行号 | InternalFrameSample. java |
|---|---|

```
1  import java.awt.BorderLayout;
```

```
2  import java.awt.Dimension;
3  import java.awt.event.WindowAdapter;
4  import java.awt.event.WindowEvent;
5  import javax.swing.JDesktopPane;
6  import javax.swing.JFrame;
7  import javax.swing.JInternalFrame;
8  public class InternalFrameSample extends JFrame {
9       BorderLayout borderLayout1 = new BorderLayout();
10      JDesktopPane mydesk;
11      public InternalFrameSample() {
12          try {
13              jbInit();
14          } catch (Exception exception) {
15              exception.printStackTrace();
16          }
17      }
18      private void jbInit() throws Exception {
19          getContentPane().setLayout(borderLayout1);
20          mydesk = new JDesktopPane();
21          mydesk.setOpaque(true);
22          JInternalFrame myinternal = new JInternalFrame("子窗体", true, true, true, true);
23          myinternal.setBounds(50, 50, 200, 100);
24          myinternal.setVisible(true);
25          mydesk.add(myinternal);//将子窗体添加到 JDesktopPane
26          getContentPane().add(mydesk, BorderLayout.CENTER);
27          this.addWindowListener(new WindowAdapter() {
28              public void windowClosing(WindowEvent e) {
29                  System.exit(0);
30              }
31          });
32      }
33      public static void main(String[] args) {
34          InternalFrameSample internalframesample = new InternalFrameSample();
35          internalframesample.setTitle("MDI 窗体示例程序");
36          internalframesample.setSize(new Dimension(800, 600));
37          internalframesample.setVisible(true);
38      }
39  }
```

**练习**(40 分钟):练习使用 Swing 组件构造 MDI 窗体应用。

改造上面的例子,在主窗体中加入菜单,并在主窗体内部打开多个 MDI 子窗体。运行效果如图11-4所示。

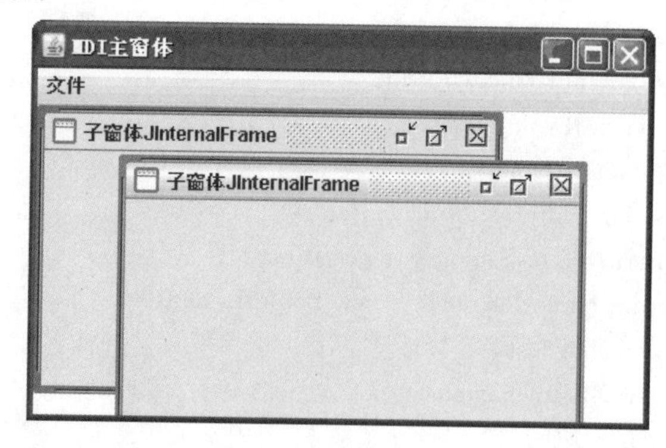


图11-4 运行效果

注：前面介绍的AWT布局管理器对Swing同样适用，不熟悉的组件及其用法请自行参考JDK API Document。

## 第三部分 单元练习

**案例题目**：制作一个演示用的课件，运行后当单击树形目录的一个节点时，就打开相应节点指示的ppt文件，如图11-5所示。

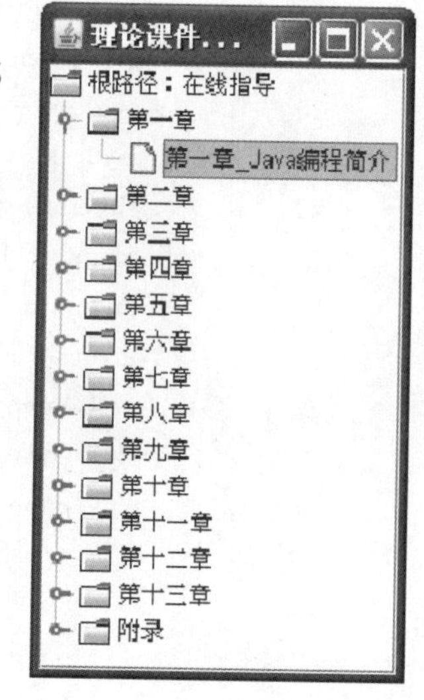


图11-5 树形目录

**设计要求**：收集关于Swing组件功能的信息（可以参考JDK包中的Demo示例），了解JTree等组件的使用。

**设计思路**：

(1)树形目录JTree构建的基本语法

```
JTree lookupTree;
DefaultMutableTreeNode root;
DefaultMutableTreeNode chapter;
lookupTree = new JTree(root);
root = new DefaultMutableTreeNode("根节点字符串");
chapter = new DefaultMutableTreeNode("子节点字符串");
root.add(chapter);
```

(2)将JTree加入窗体

```
JScrollPane jScrollPane = new JScrollPane();
JPanel jPanel = (JPanel)this.getContentPane();
jScrollPane.getViewport().add(lookupTree);
jPanel.add(jScrollPane);
```

# 实践十二 事件处理

(练习时间:共 90 分钟)

## 第一部分 本次上机目标

**本次上机任务:**

任务一:事件处理练习(30 分钟)

- 事件处理概念复习
- 制作简单的事件处理程序

任务二:在应用程序中绘图(30 分钟)

- 了解如何在应用程序中绘图
- 练习绘图

任务三:使用事件适配器类(30 分钟)

- 适配器类的使用时机
- 匿名适配器类练习

**应掌握的技能点:**

- 掌握事件处理的方法
- 掌握在应用程序绘图的方法
- 能运用匿名适配器设计事件处理程序

## 第二部分 上机实践

### 任务一:事件处理练习(30 分钟)

**指导**(10 分钟):事件处理概念复习。

事件处理机制结构中的概念:

(1)事件源:能够产生事件的对象都可以称为事件源(如文本框、按钮、键盘、鼠标等)。

(2)监视器:对事件源进行监视的对象称为监视器。它可以对发生的事件做出处理,例如,对文本框 text01 添加 Action 监视器:

```
text01.addActionListener(监视器);
```

(3)处理事件的接口:监视器负责处理事件源发生的事件。监视器是一个对象,它会自动调用被类实现的事件接口类中的方法。例如:若类实现了 ActionListener 接口,那么,在此类中必须实现 ActionListener 接口中的方法:

```
public void actionPerformed(ActionEvent e){}
```

此方法将由监视器负责调用。事件处理中,各种事件对应的接口和方法,请参照理论教材表 10-2 和表 10-3。

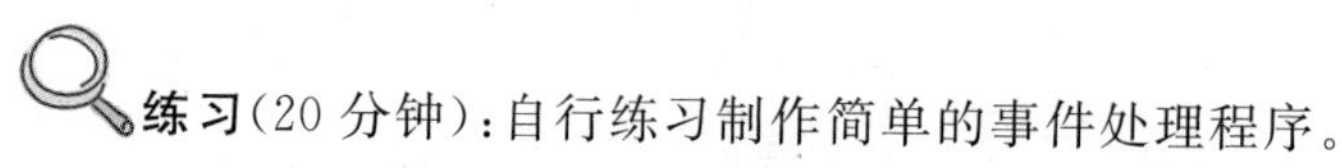

**练习**(20 分钟):自行练习制作简单的事件处理程序。

在 JCreator 中制作一个简单事件处理程序,要求窗体中有一个 JButton 组件和一个 JLabel 组件,当单击按钮时,标签上显示“Welcome to Swing World!”,效果如图 12-1 所示。

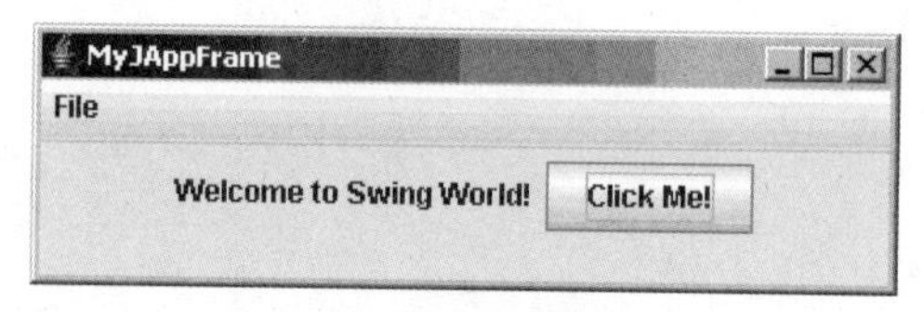


图 12-1 效果图

代码片段如下,将它们放到合适的位置:

代码片段 1:

```
JButton jb1=new JButton("Click Me!");
JLabel jla1=new JLabel(" ");
```

代码片段 2:

```
JPanel jPanel=(JPanel)this.getContentPane();
jPanel.add(jla1);
jPanel.add(jb1);
jb1.addActionListener(
    new ActionListener() {
        public void actionPerformed(ActionEvent e) {
            MyJAppFrame.this.jla1.setText("Welcome to Swing World!");
        }
    }
);
```

**任务二:在应用程序中绘图(30 分钟)**

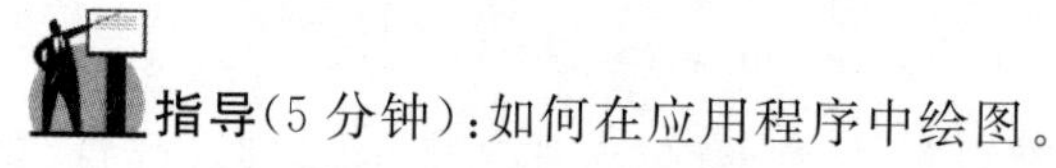

**指导**(5 分钟):如何在应用程序中绘图。

Component 类有一个绘图方法:public void paint(Graphics g),我们可以在子类中重写这个方法,其中 Graphics 类的实例 g 可以理解成画笔,使用 g 的绘图方法可以完成各种绘图,例如绘制圆形可以使用如下语法:g.fillOval()。调用该 Component 类对象的 repaint()方法,可以先擦除当前所画的内容,然后再调用 paint(),实现重绘。

Canvas(画布类)是 Component 类的子类,它是一个专用于绘制图形的组件,它可以在容器内开辟一个空白矩形区域,应用程序可以在该区域内绘图,或者可以从该区域捕获用户的输入事件。在使用时,必须重建 Canvas 的子类并重写 paint 方法,以便在 Canvas 上执行自定义图形绘制。

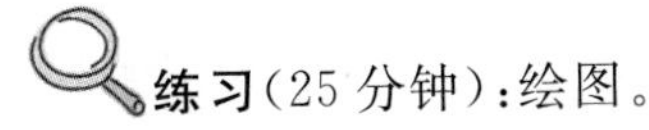练习(25 分钟):绘图。

代码 1:画布类,用于绘制圆形。

| 行号 | PaintCanvas.java |
| --- | --- |

```
1   /**
2    *绘图类
3    **/
4   package myprojects.paintjframe;
5   import java.awt.*;
6   public class PaintCanvas extends Canvas{
7       int radius;
8       public void setRadius(int r){
9           radius=r;
10      }
11      public void paint(Graphics g){
12          g.fillOval(50,50,radius*2,radius*2);
13      }
14  }
```

代码 2:容纳画布的窗体类。

| 行号 | PaintJFrameFrame.java |
| --- | --- |

```
1   package myprojects.paintjframe;
2   import java.awt.*;
3   import java.awt.event.*;
4   import javax.swing.*;
5   /**
6    *窗体类
7    */
8   public class PaintJFrameFrame extends JFrame implements ActionListener {
9       PaintCanvas canvas=new PaintCanvas();
10      JTextField jtf=new JTextField("10");
11      public PaintJFrameFrame() {
12          JPanel jPanel=(JPanel)this.getContentPane();
13          jPanel.setLayout(new BorderLayout());
14          jPanel.add(canvas,"Center");
15          jPanel.add(jtf,"South");
16          jtf.addActionListener(this);
17          setTitle("PaintJFrameFrame");
18          setSize(new Dimension(300, 300));
```

```
19            this.addWindowListener
20            (
21                new WindowAdapter() {
22                    public void windowClosing(WindowEvent e) {
23                        PaintJFrameFrame.this.windowClosed();
24                    }
25                }
26            );
27        }
28        /**
29         *自定义关闭窗体方法
30         */
31        protected void windowClosed() {
32            System.exit(0);
33        }
34        /**
35         *自定义监控文本框动作的响应代码
36         */
37        public void actionPerformed(ActionEvent e){
38                int radius=Integer.parseInt(jtf.getText());
39                canvas.setRadius(radius);
40                canvas.repaint();
41        }
42 }
```

代码3:主类。

| 行号 | PaintJFrame.java |
|---|---|

```
1  /**
2   *本示例演示如何在 Application Frame 中绘制图形
3   */
4  package myprojects.paintjframe;
5  public class PaintJFrame {
6      public static void main(String[] args) {
7          //Create application frame.
8          PaintJFrameFrame frame=new PaintJFrameFrame();
9          //Show frame.
10         frame.show();
11     }
12 }
```

程序运行结果如图 12-2 所示。

图 12-2　程序运行结果 19

**任务三：使用事件适配器类（30 分钟）**

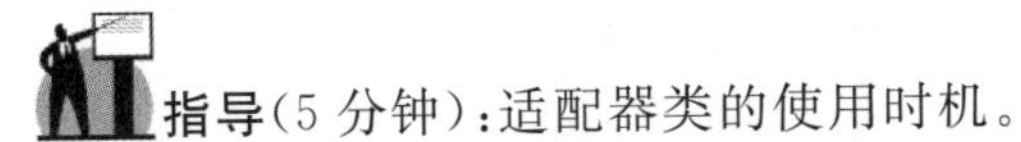

**指导**（5 分钟）：适配器类的使用时机。

在很多应用中，并不是事件接口中所有的方法都会被用户使用，但是还要全部写出（这是由接口语法使用规则决定的），这样显得十分繁琐。为了简化程序，可以通过使用适配器类来代替实现接口。

匿名类实例用作监听器的时候，因为匿名类实例本质上是一个没有名字的局部对象，所以只能使用一次。

回想一下，第一部分的示例中对窗体事件的处理为什么没有使用匿名的监听器接口，而使用匿名适配器类？而对按钮动作事件的处理又只使用了匿名的监听器接口，而不使用匿名适配器类？

原因是窗体事件中有七个方法，使用匿名适配器类可以节省代码；而动作事件中只有一个方法，因此它没有匿名适配器类，只有监听器接口。

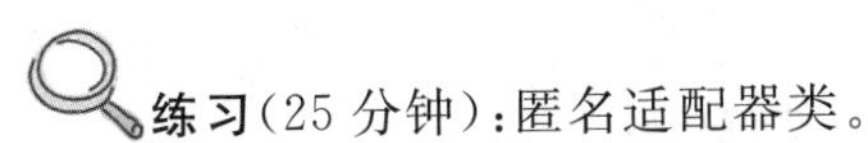

**练习**（25 分钟）：匿名适配器类。

请读者改造理论教材中例 10-4，使用匿名适配器类代替监听器接口完成同样的效果。

原示例代码如下：

| 行号 | **KeyEventDemo. java** |
|---|---|

```
1   import java.awt.*;
2   import java.awt.event.*;
3   public class KeyEventDemo extends Frame implements KeyListener
4   {
5       TextField t1=new TextField(25);
6       Label lab=new Label("在窗口中按下键盘键，会显示相应键码");
7       Panel p=new Panel();
8       public void keyPressed(KeyEvent e)
9       {
10          t1.setText("");
```

```
11            t1. setText(e. getKeyText(e. getKeyCode()));//获取并显示按键信息
12        }
13        public void keyTyped(KeyEvent e){}//必须重写
14        public void keyReleased(KeyEvent e){}//必须重写
15        public KeyEventDemo(String title)
16        {
17            super(title);
18            t1. setEditable(false);//设置文本框 t1 为不可编辑
19            p. add(lab);
20            p. add(t1);
21            add(p);
22            this. addKeyListener(this);//为窗体注册监听器
23            setSize(220,100);
24            setVisible(true);
25            this. requestFocus(true);//将焦点设置在窗体上,此句为必需
26        }
27        public static void main(String[] args)
28        {
29            new KeyEventDemo("KeyEvent 中的按键示例");
30        }
31    }
```

## 第三部分 单元练习

**案例题目:**四则运算的计算器。

**设计要求:**制作一个用于四则运算的计算器,界面如图 12-3 所示。

图 12-3 四则运算的计算器

**功能要求:**在文本框中输入两个数,并在下拉列表框中选择一个运算符,立刻可以得到结果。单击【重置数字】按钮可以重置文本框中的数字。

# 实践十三 Applet与绘图

（练习时间：共 90 分钟）

## 第一部分 本次上机目标

**本次上机任务：**

任务一：练习 JApplet(20 分钟)

➢ 学习 JApplet 的语法格式

➢ 使用现有资料完成 JApplet 示例

任务二：练习从 HTML 向 Applet 传递参数(30 分钟)

➢ 从 HTML 向 Applet 传递参数

➢ 从 HTML 控制 Applet 绘图

任务三：在 Applet 中绘制动画(40 分钟)

➢ 回顾动画生成原理

➢ 练习制作动画示例

**应掌握的技能点：**

➢ 理解并掌握 JApplet 的使用方法

➢ 可以从 HTML 向 Applet 传递参数

➢ 掌握 Applet 绘制动画的方法

## 第二部分 上机实践

### 任务一：练习 JApplet(20 分钟)

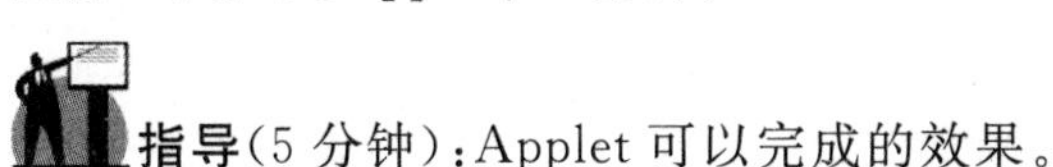

**指导**(5 分钟)：Applet 可以完成的效果。

演示示例目录：%j2sdk1.5.0_home%/demo

演示典型示例：%j2sdk1.5.0_home%/demo/jfc/SwingSet2/SwingSet2.html

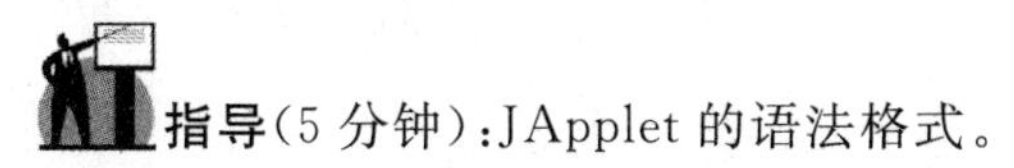

**指导**(5 分钟)：JApplet 的语法格式。

JApplet 与 Applet 都是用于图形设计的类，Applet 在 awt 包内，而 JApplet 在 swing 包内，它们的关系如图 13-1 所示。

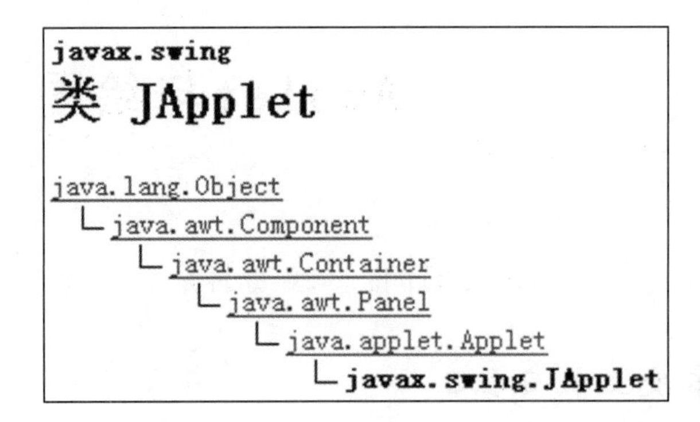


图 13-1 JApplet 与 Applet 类的关系

它们都可以用于小应用程序的制作。区别在于:Applet 是重量级组件,JApplet 是轻量级组件。如果你的程序界面打算用 Swing 组件设计,就用 JApplet;如果用 AWT 组件设计就用 Applet,一定不要混用。否则可能会造成显示层次上的错误。

在语法上,两者基本相似但略有不同,JApplet 程序中的 paint()方法需调用其超类的 paint()方法来实现更新和重绘当前界面,例如:super. paint(g)。如果不写此语句,在涉及复杂绘图时会出现显示问题。

**练习**(10 分钟):JApplet 程序示例。

**设计题目:**设计简单的四则运算器。

**设计要求:**

(1)使用 JApplet 设计程序。

(2)从对话框中输入两个操作数。

**设计提示:**

(1)这里可以使用一个新的输入数据的方法,就是 JOptionPane. showInputDialog(),这种方式是 GUI 方式,比前面介绍的控制台输入方式更直观。

(2)注意 paint()方法中 super. paint(g)语句的位置。

| 行号 | MyJApplet. java |
|---|---|

```
1   import java. awt. Graphics;
2   import javax. swing. * ;//导入 Swing 包
3   public class MyJApplet extends JApplet{  //继承 JApplet 父类
4       double sum;
5       double accumulate;
6       double minus;
7       double quotient;
8       public void init()
9       {
10          String firstNumber;
```

```
11            String secondNumber;
12            double number1;
13            double number2;
14            /* 使用 JOptionPane 组件的输入对话框输入数据 */
15            firstNumber=JOptionPane.showInputDialog("请输入第一个浮点值:");
16            secondNumber=JOptionPane.showInputDialog("请输入第二个浮点值:");
17            number1=Double.parseDouble(firstNumber);
18            number2=Double.parseDouble(secondNumber);
19            sum=number1 + number2;
20            accumulate=number1 * number2;
21            minus=number1 - number2;
22            quotient=number1 / number2;
23        }
24        public void paint(Graphics g)
25        {
26            super.paint(g);//调用超类的 paint(g)方法
27            g.drawRect( 15, 10, 300, 60 );
28            g.drawString( "The sum is " + sum, 25, 25 );
29            g.drawString( "The accumulate is " + accumulate, 25, 35 );
30            g.drawString( "The minus is " + minus, 25, 45 );
31            g.drawString( "The quotient is " + quotient, 25, 55 );
32        }
33    }
```

HTML 代码略。

运行结果如图 13-2～图 13-4 所示。

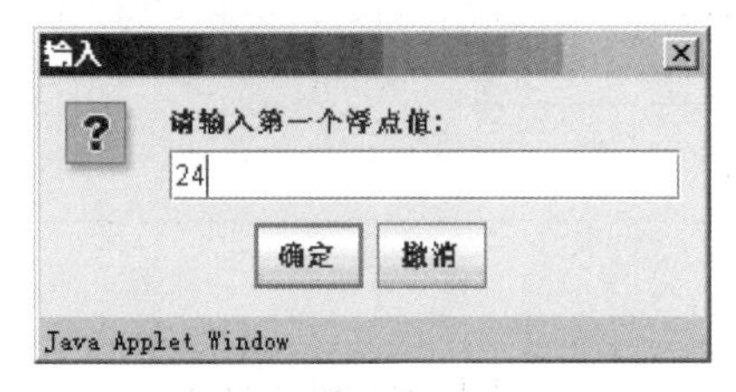


图 13-2　输入第一个浮点值

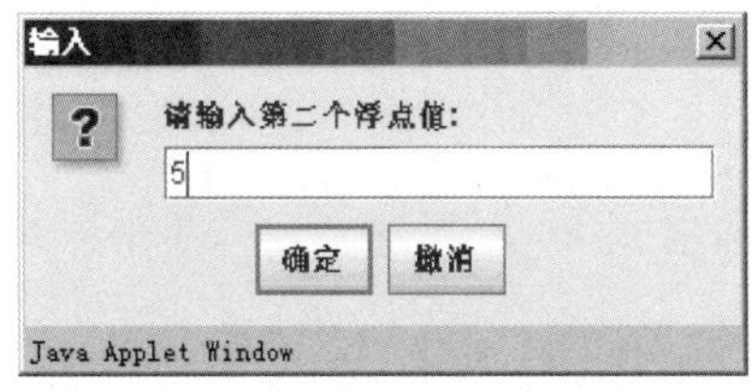


图 13-3　输入第二个浮点值

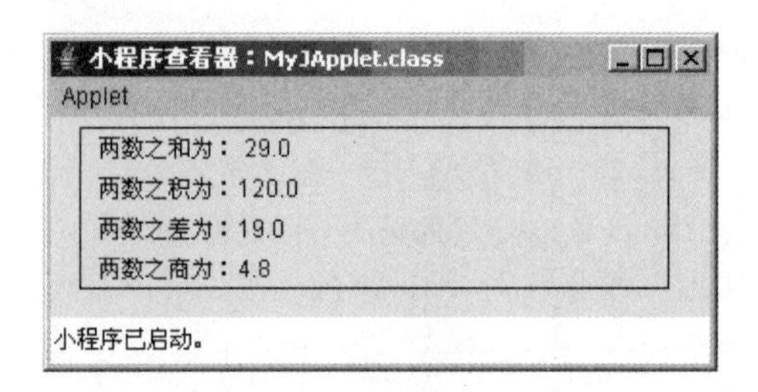


图 13-4 计算结果

**任务二：练习从 HTML 向 Applet 传递参数（30 分钟）**

**指导**（5 分钟）：从 HTML 向 Applet 传递参数。

<param>标记是<Applet>标记的子标记，用来向 Applet 传递参数，格式为：

<param name=ParameterName value=ParameterValue>

其中，name 指定参数名称，value 指定参数的值。在 Applet 中，通过 getParameter(ParameterName)方法获取 HTML 文件中定义的外部参数的字符串值，但一个参数只能传递一个变量的值。

**练习**（25 分钟）：从 HTML 控制 Applet 绘图。

**设计题目：**改造实践十二第二部分的示例，使用 Applet 完成同样的效果。

**设计要求：**在 Applet 中绘制圆形，圆形半径的大小由 HTML 传入的参数决定。

**设计提示：**因为 Applet 本身就是容器，可以在其中绘图，所以画布 Canvas 类不再是必需的。

简单代码如下，请将空白处的代码填写完整。

（1）HTML 文件代码

| 行号 | index. html |
|---|---|

```
1  <APPLET code="HTMLParameter.class" width="300" height="40">
2  <param name="________________" value="50">
3  </APPLET>
```

（2）Applet 文件代码

| 行号 | HTMLParameter. java |
|---|---|

```
1  import java.awt.*;
2  import java.applet.*;
3  public class HTMLParameter extends Applet {
4      int radius; //圆半径
5      public void init() {
6          radius=________________________________________________________;
7      }
```

```
8        public void paint(Graphics g) {
9            g. ______________________________________________;
10       }
11   }
```

### 任务三：在 Applet 中绘制动画（40 分钟）

**指导**（10 分钟）：回顾动画生成原理。

动画技术的基本制作原理是让程序每隔一段时间循环显示一幅图像，当图像连续播放时，就会产生动感。动画中的一幅图像称为一“帧”（Frame）。当每秒播放的帧数（fps：Frame Per Second）达到 25 帧以上就能产生比较流畅的动画。

在 Applet 的生命周期中曾经提到，paint()方法主要用来绘制当前帧，要循环显示其他帧需要 repaint()方法和 update(Graphics g)方法的支持。repaint()方法用以请求重画组件，它会自动调用 update()方法；update()方法可以更新当前页面，清除 paint()方法以前所画的内容，然后再调用 paint()方法。因此，只要在 paint()方法中调用 repaint()方法，就可以产生循环调用。它们的调用次序如图 13-5 所示。

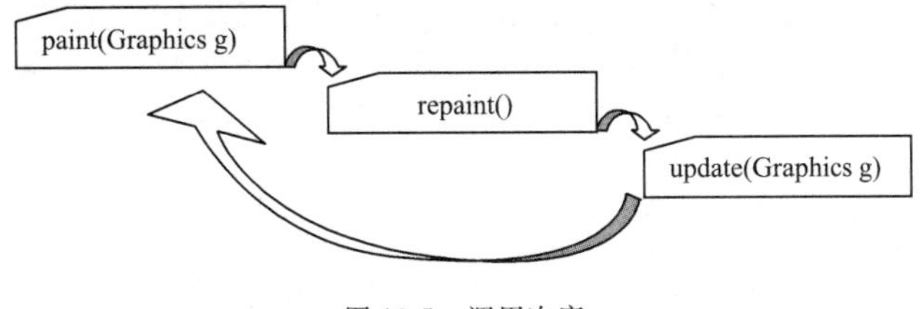


图 13-5　调用次序

**练习**（30 分钟）：练习制作动画示例。

**设计题目**：制作一个会来回滚动的球的动画。

**设计要求**：

（1）在 Applet 中绘制一个圆形，代替球体。

（2）让球从屏幕的左端移动到右端，然后再移动回左端。

**设计提示**：

（1）使用 paint()方法完成当前帧的绘制，可以使用默认的 update(Graphics g)方法来完成整个 Applet 容器内容的更新。

（2）使用 Thread. sleep(int)方法来实现动画的播放速度控制。

**注意**：不要使用循环来完成坐标值的增减。

代码如下：

| 行号 | RunSphere. java |
|---|---|

```
1  import java. awt. * ;
2  import java. applet. * ;
```

```
3  public class RunSphere extends Applet
4  {
5       int xpos=0;
6       boolean direction=true;//初始化为正方向
7       public void init(){
8            setBackground(Color.blue);
9       }
10      public void paint(Graphics g)
11      {
12                g.setColor(Color.black);
13                g.fillRect(0,0,100,100);
14                g.setColor(Color.white);
15                g.fillRect(101,0,100,100);
16                g.setColor(Color.red);
17                if(xpos<=105 && direction==true){
18                     xpos+=4;
19                     g.fillOval(xpos,5,90,90);
20                     try{
21                          Thread.sleep(100);
22                          }
23                     catch(InterruptedException e)
24                     {}
25                     repaint();
26                }else{
27                     direction=false; //设置为反方向
28                     if(xpos>=5 && direction==false){
29                          xpos-=4;
30                          g.fillOval(xpos,5,90,90);
31                          try{
32                               Thread.sleep(100);
33                          }
34                          catch(InterruptedException e)
35                          {}
36                          repaint();
37                     }
38                }
39           }
40      /*使用默认的 public void update(Graphics g)方法 */
41  }
```

将本示例改造一下，将 if 语句中坐标位置的增减用 while 循环来实现，观察一下结果，思考一下产生这种效果的原因。

## 第三部分　单元练习

**案例题目**：制作一个 Applet 动画，用来演示带水平初速度的抛物线运动。

**设计要求**：

坐标位置公式：

$x=v_0\cos\theta\cdot t$

$y=v_0\sin\theta\cdot t-\frac{1}{2}gt^2$

其中 $v_0$ 为水平初速度，$\theta$ 为初始角度。此公式可转换为下列语法：

x=v0 * Math. cos(angle) * t;

y=v0 * Math. sin(angle) * t−1/2 * g * t * t;

**设计提示**：

（1）使用 drawLine()方法绘制两条坐标参考线；

（2）设置一个合适的水平初速度 v0，可以使用 JOptionPane. showInputDialog()输入，如图 13-6 所示。

（3）初始角度 $\theta$ 可以自行设置，如图 13-7 所示（应在－90 度～＋90 度，即－Math. PI/2～＋Math. PI/2，请自行完成角度到弧度的转换）。

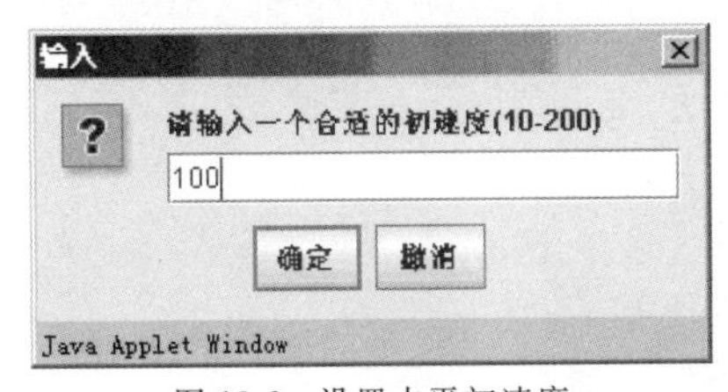

图 13-6　设置水平初速度

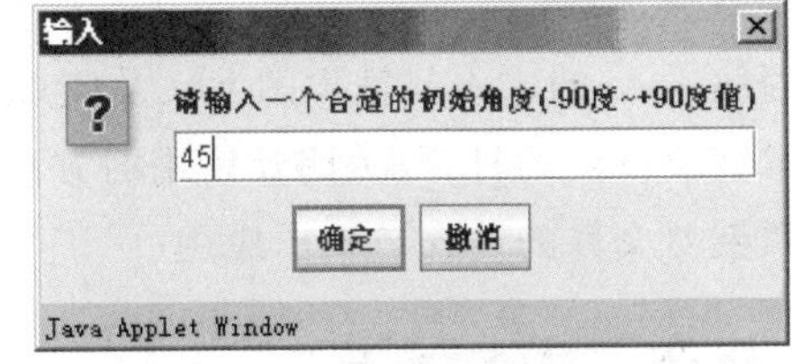

图 13-7　设置初始角度

（4）使用 fillOval()方法绘制填充圆作为抛物体，自行设计动画部分，参考界面如图 13-8 所示。

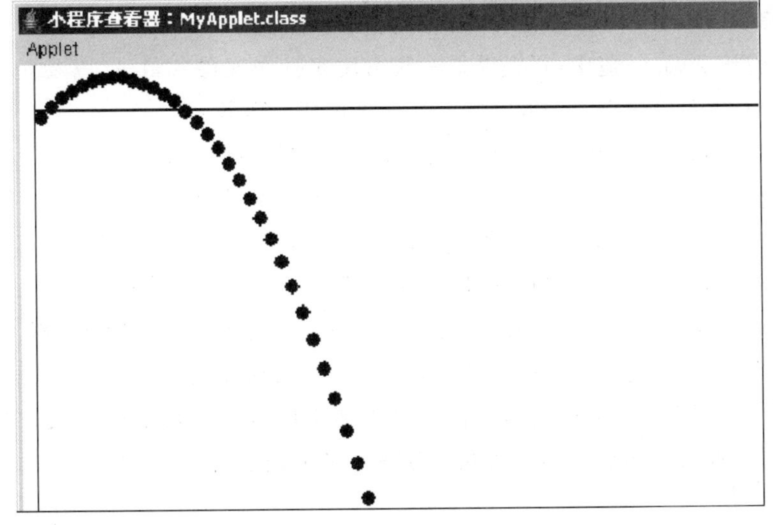

图 13-8　参考界面

# 实践十四　I/O技术与文件管理

（练习时间：共 90 分钟）

## 第一部分　本次上机目标

**本次上机任务：**

任务一：文件操作示例（45 分钟）

- 文件操作知识回顾
- 删除非空目录

任务二：流的特点及应用（45 分钟）

- 流应用回顾
- 制作一个文件查看器

**应掌握的技能点：**

- 理解 Java 的输入与输出的含义及实现方法
- 掌握文件流的打开、关闭及使用的方法
- 掌握对文件的输入与输出应用

## 第二部分　上机实践

**任务一：文件操作示例（45 分钟）**

**指导**（5 分钟）：文件操作知识回顾。

File 类位于 java.io 包中，它提供了一些方法来操作文件和目录，以及获取它们的信息（在 Java 中，把目录也作为一种特殊的文件来使用），例如：

- boolean delete()：删除此抽象路径名表示的文件或目录。
- File getAbsoluteFile()：返回抽象路径名的绝对路径名形式。
- String getAbsolutePath()：返回抽象路径名的绝对路径名字符串。
- boolean isDirectory()：测试此抽象路径名表示的文件是不是一个目录。
- boolean isFile()：测试此抽象路径名表示的文件是不是一个标准文件。
- long length()：返回由此抽象路径名表示的文件的长度。
- File[] listFiles()：返回由包含在目录中的文件和目录的名称所组成的字符串数组，这一目录是通过满足指定过滤器的抽象路径名来表示的。

**练习**(40 分钟):删除非空目录。

**设计题目:**删除非空目录下的所有内容(包括文件和子目录)

**设计要求:**DOS 命令 delete 只能删除当前的空目录,设计一段程序,实现将非空目录及其目录下所有内容一次性全部删除的功能。

**设计提示:**

(1)File 类的 delete()方法一次只能删除一个空目录。要删除非空目录,可以先删除目录中的内容,然后再删除该目录。制作一个循环,从内层向外层逐步删除。

(2)可以借助链表类 LinkedList 实现对目录的暂时存储。LinkedList 是一个有序的链表类,它的对象可以包含多个任意类型的元素,LinkedList 类还为链表的开头(First)及结尾(Last)提供了获取(get)、删除(remove)和插入(insert)元素等诸多方法。

假设有目录结构如下:

C:\myjava

C:\myjava\myjava2

其中,myjava 和 myjava2 这两个目录都有文件 my.dat 和 NTDETECT.COM。

代码如下:

| 行号 | DelDir.java |
|---|---|

```
1   package javabook;
2   import java.io.*;
3   import java.util.LinkedList;
4   public class DelDir {
5       public DelDir() {
6       }
7       public void delete(File dir)throws IOException{
8           LinkedList dirs=new LinkedList();
9           dirs.add(dir);
10          while(dirs.size()>0){//判断链表 dirs 的元素个数
11              System.out.println("正在检查目录的第"+dirs.size()+"层");

12              File current_dir=(File)dirs.getFirst();//获取链表的第一个元素
13              File[] files=current_dir.listFiles();//获取此元素的目录列表(包含文件和
                                                      子目录)
14              boolean empty_dir=true;//判断是否有子目录标志
15              for(int i=0,len=files.length;i<len;i++){
16                  if(files[i].isFile()){//判断是否为文件
17                      showInfo(files[i].getAbsolutePath());
18                      files[i].delete();//删除文件
19                  }else{
```

```
20                  empty_dir=false;//发现子目录,就设标志为非空
21                  dirs.addFirst(files[i]);//将此目录添加到链表的开始位置
22              }
23          }
24          if(empty_dir){//如果目录下为空,即没有子目录
25              showInfo(current_dir.getAbsolutePath());
26              current_dir.delete();//删除当前目录
27              dirs.removeFirst();//删除链表最前端的元素
28          }
29      }
30  }
31  void showInfo(String msg){//显示信息
32      System.out.println("正在删除..."+msg);
33  }
34  public static void main(String[] args) throws IOException{
35      DelDir deldir = new DelDir();
36      deldir.delete(new File("C:\\myjava"));
37  }
38 }
```

编辑并测试此程序,运行结果如下:

正在检查目录的第 1 层
正在删除...C:\myjava\NTDETECT.COM
正在删除...C:\myjava\my.dat
正在检查目录的第 2 层
正在删除...C:\myjava\myjava2\NTDETECT.COM
正在删除...C:\myjava\myjava2\my.dat
正在删除...C:\myjava\myjava2
正在检查目录的第 1 层
正在删除...C:\myjava

**注意**:Java 集合框架(Java Collections Framework,JCF)是一组数据结构类和接口的集合。链表类 LinkedList 是 JCF 的一部分。本书不深入讲述 Java 集合框架的内容,请读者自行阅读相关资料。

**任务二:流的特点及应用(45 分钟)**

**指导**(5 分钟):流应用的回顾。

(1)在 Java 中,"流"是用来连接数据传输的起点与终点,与具体设备无关的一种中间介质,它是数据传输的抽象描述。

(2)流按所操作的数据类型分类,可以分为:字节流(Binary Stream)和字符流(Character Stream)。

①字节流类都是 InputStream 和 OutputStream 类的子类，字节流类所操作的数据都是以一个字节(8 位)的形式传输。

②字符流类都是 Reader 和 Writer 类的子类，字节流类所操作的数据都是以两个字节(16 位)的形式传输，因为 Java 的跨平台特性和使用 16 位的 Unicode 字符集，使得字符流类在处理网络程序中的字符时比字节流类更有优势。

(3)Reader 类的子类有 int read(char cbuf[])方法，可以将字符读入数组并将其存储在缓冲区数组 cbuf 中。

**练习**(40 分钟)：制作一个文件查看器。

**设计题目：**设计 GUI 界面的文件查看器

**设计要求：**

查看器为一个包含 TextArea 组件的窗口，在文本区中显示打开的文件内容，如图 14-1 所示。

图 14-1 文件查看器

当单击【打开文件】按钮时会出现“打开文件”对话框，在对话框中选择要打开的文件，如图 14-2 所示。

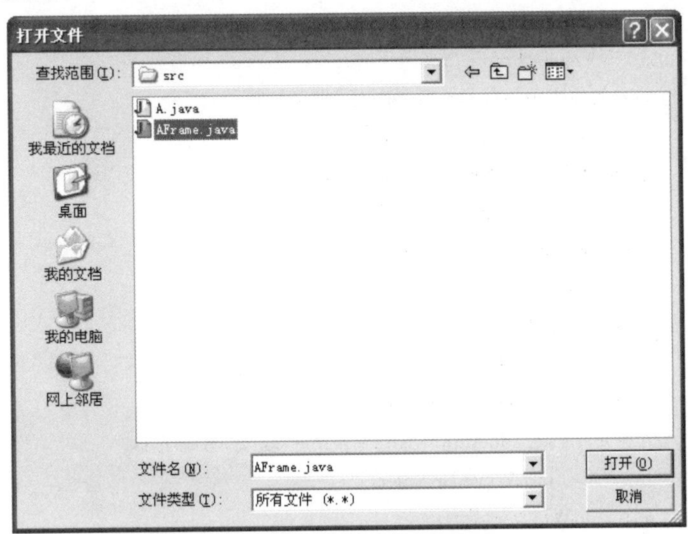


图 14-2 “打开文件”对话框

**设计提示：**

(1)使用 File 类获取文件属性。

(2)使用 FileReader 输入流类读取文件数据。

(3)使用 FileDialog(文件对话框)组件选择要打开的文件。

创建一个文件对话框的基本语法为：

FileDialog(Frame parent, String title, int mode)

创建一个具有指定标题的文件对话框窗口,用于加载或保存文件。

源代码如下：

| 行号 | FileViewerFrame.java |
|---|---|

```
1   import java.awt.*;
2   import java.awt.event.*;
3   import java.io.*;
4   /**
5    *文件查看器窗体类
6    */
7   public class FileViewerFrame extends Frame implements ActionListener{
8       String directory=null;
9       TextArea textArea=new TextArea("",30,80);
10      Button btnOpenFile=new Button("打开文件");
11      Button btnClose=new Button("关闭窗口");
12      Panel panel=new Panel();
13      Panel panelBottom=new Panel();
14      /**
15       *构造方法
16       */
17      public FileViewerFrame() {
18          panel.setLayout(new BorderLayout());
19          panel.add(textArea,"Center");
20          panel.add(panelBottom,"South");
21          panelBottom.add(btnOpenFile);
22          panelBottom.add(btnClose);
23          this.add(panel);
24          this.setVisible(true);
25          setTitle("文件查看器");
26          setSize(new Dimension(400, 400));
27          btnOpenFile.addActionListener(this);//添加监听器
28          btnClose.addActionListener(this);
29          this.addWindowListener
29          (
30              new WindowAdapter() {
```

```
31                  public void windowClosing(WindowEvent e) {
32                      System.exit(0);
33                  }
34              }
35          );
36      }
37      /*载入目录和文件信息,并显示文件内容的方法*/
38      public void setFile(String _directory,String _filename){
39          if((_filename==null)||(_filename.length()==0)){//判断文件是否存在
40              return;
41          }
42          File f=null;
43          FileReader fr=null;
44          try {
45              f=new File(_directory,_filename);//创建 File 类实例
46              fr=new FileReader(f);//创建 FileReader 类实例
47              char[] buffer=new char[4096];//定义缓冲数组,大小不应太小
48              int length;
49              textArea.setText("");//清空前面显示的内容
50              while((length=fr.read(buffer))!=-1){//开始读入数据
51                  String str=new String(buffer,0,length);//每次读入 4096 字节
52                  textArea.append(str);//添加到文本区
53              }
54              this.setTitle("文件查看器: 正在查看"+_filename);//重设窗口标题
55          }
56          catch (Exception ex) {
57              this.setTitle(_filename+"文件访问错误!");
58              ex.printStackTrace();
59              textArea.setText(ex.getMessage());
60          }
61          finally{
62              try {
63                  if(fr!=null)
64                      fr.close();
65              }
66              catch (Exception ex) {
67              }
68          }
69      }
70      public void actionPerformed(ActionEvent e){
71          if(e.getSource()==btnOpenFile)
72          {//如果用户单击了【打开文件】按钮
```

```
73                  FileDialog myFileDialog=new FileDialog(this,"打开文件",FileDialog.LOAD);
74                  myFileDialog.show();//显示"打开文件"对话框,等待用户选择文件
75                  directory=myFileDialog.getDirectory();//获取用户选择的目录
76                  this.setFile(directory,myFileDialog.getFile());//调用 setFile()方法
77                  myFileDialog.dispose();//退出对话框
78              }
79              if(e.getSource()==btnClose){//如果用户单击了【关闭窗口】按钮
80                  this.dispose();//窗口退出
81                  System.exit(0);//程序退出
82              }
83          }
84          public static void main(String args[])
85          {
86              new FileViewerFrame();
87          }
88      }
```

运行步骤和结果:

(1)启动程序后,界面如图 14-1 所示。

(2)单击【打开文件】按钮,启动"打开文件"对话框,如图 14-2 所示。

(3)选择要显示的文本文件,单击【打开】按钮,得到文件信息,如图 14-3 所示。

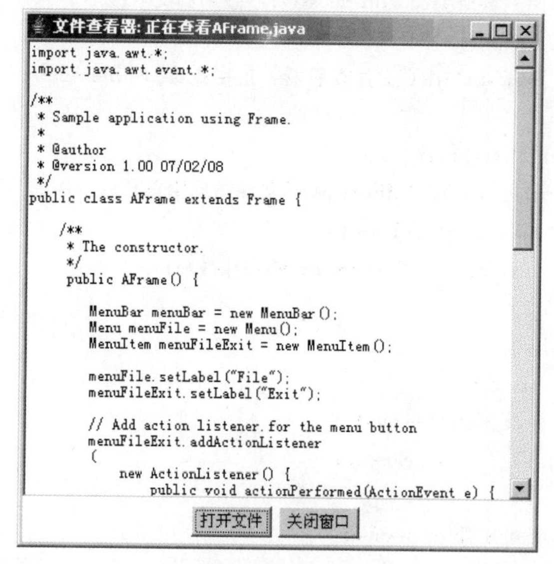


图 14-3 文件信息

## 第三部分 单元练习

**设计题目:**以 GUI 形式显示文件信息

**设计要求:**要求以表格形式显示文件信息,设计界面如图 14-4 所示,在文本框中输入

要查看的文件名，单击【查看】按钮，在表格中显示相应信息。

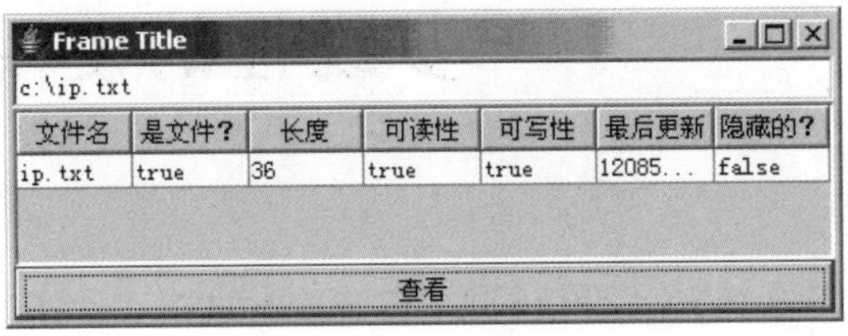

Frame Title

c:\ip. txt

| 文件名 | 是文件? | 长度 | 可读性 | 可写性 | 最后更新 | 隐藏的? |
| --- | --- | --- | --- | --- | --- | --- |
| ip. txt | true | 36 | true | true | 12085... | false |

查看

图 14-4　文件信息显示公式界面

**设计提示：**

(1)构建表格时可以使用下列语句：

JTable(Object[][] rowData, Object[] columnNames);

rowData 为表格显示的数据，columnNames 为表头信息文字。

自定义方法获取表格显示的数据和表头信息文字。例如，下面的方法可以获取表格要显示的数据：

```
Object[][] getFileInfo(File _file){
    File file=_file;
    if(! file. exists()){return null;}
    Object[][] data=new Object[1][7];
    data[0][0]=file. getName();
    ……
    return data;
}
```

(2)以下列语法将表格添加到滚动面板中：

```
jScrollPane1. getViewport(). add(jTable1,null);
```

(3)可以使用可视化 IDE 完成 UI 界面设计。

(4)获取文件信息的方法，请参考教材相应示例。

# 实践十五　多线程的使用

（练习时间：共 90 分钟）

## 第一部分　本次上机目标

**本次上机任务：**

任务一：构建线程（30 分钟）

- 通过扩展 Thread 类来完成多线程
- 通过实现 Runnable 接口来完成多线程

任务二：制作线程动画（20 分钟）

- 使用线程制作动画的意义
- 实现线程动画

任务三：控制动画运行状态（40 分钟）

- 控制线程动画的方法
- 制作控制线程动画示例

**应掌握的技能点：**

- 理解并掌握线程的构建原理
- 使用线程制作动画
- 学会控制动画的方法

## 第二部分　上机实践

### 任务一：构建线程（30 分钟）

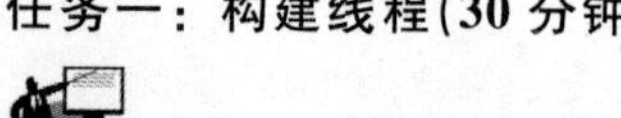

**指导**（5 分钟）：扩展 Thread 类。

程序要实现多线程设计可以通过两种方式：扩展 Thread 类或实现 Runnable 接口。

当使用扩展 Thread 类的方式实现多线程设计时，其 Thread 类的构造方法如下：

Thread([ThreadGroup group],[Runnable target],[String name]);

其中，group 参数指定该线程所属的线程组；target 作为其运行对象，它必须实现 Runnable 接口；name 为线程名称。这三个参数都为可选参数。

定义的线程类可以通过继承 java. lang. Thread 类来实现，语法如下：

public class ＜类名＞ extends Thread{……}

**练习**（10 分钟）：通过扩展 Thread 类来完成多线程。

复习并测试理论教材中的例 13-3。

**指导**(5 分钟):实现 Runnable 接口。

定义的线程类在构造中可以通过一个实现了 java. lang. Runnable 接口的目标对象来实现,语法如下:

```
public class <类名> extends <父类名> implements Runnable{
    public void run(){……}//重写 Runnable 接口中的 run()方法
}
```

使用 Runnable 接口来构造线程的优点显而易见:Java 不支持多继承,为了继承父类,只能采取实现接口的方式来构造线程。

例如:

```
public class DigitalClock extends Applet implements Runnable
{   Thread runner; //定义线程类示例
    public void start()
    {   if(runner==null)
        {   runner=new Thread(this); //初始化线程类实例,并指明 target 对象 this
            runner.start();//线程就绪,获得 CPU 运行调度后,将开始运行 run()方法


        }
    }
    public void run(){……}//run()方法定义在实现 Runnable 接口的类中
}
```

this 对象所在的类一定要实现 Runnable 接口并重写 run()方法,才有资格作为 target 对象。

**练习**(10 分钟):通过实现 Runnable 接口来完成多线程。

复习并测试理论教材中的例 13-2。

**任务二:制作线程动画(20 分钟)**

**指导**(10 分钟):使用线程制作动画的意义。

请读者先阅读理论教材的示例 13-1、13-2 以及本实践教材的练习十三第三部分练习和课后习题。当将练习十三的示例使用 while 循环完成后观察,发现动画不能运行。原因同理论教材的示例 13-1 一样,是因为循环占用了全部程序的资源,而改造的方法同示例 13-2 一样,就是制作一个新的线程来完成循环的内容。

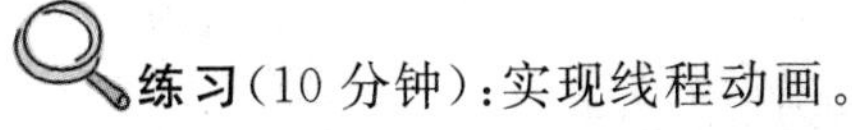


参考理论教材中的例 13-2,改造实践十三任务三中的示例,使之支持多线程。将代码空白处填写完整。

| 行号 | RunSphere. java |
|---|---|
| 1 | import java. awt. * ; |

```
2   import java. applet. * ;
3   public class RunSphere  extends Applet implements Runnable
4   {
5       Thread runner;
6       int xpos=0;
7       public void start()
8       {
9           if (runner==null)
10          {
11              runner=new ________________;//初始化线程实例
12              runner. ________________;//使线程就绪
13          }
14      }
15      public void stop()
16      {
17          if(runner! =null)
18          {
19              runner. ________________;//线程终止
20              runner=null;
21          }
22      }
23      public void paint(Graphics g)
24      {
25          g. setColor(Color. black);
26          g. fillRect(0,0,100,100);
27          g. setColor(Color. white);
28          g. fillRect(101,0,100,100);
29          g. setColor(Color. red);
30          g. fillOval(________,5,90,90); //画圆的当前帧
31      }
32      public void run()
33      {
34          setBackground(Color. blue);
35          for(xpos=5;xpos<=105;xpos+=4) //循环圆的 X 轴坐标
36          {
37              __________();//请求重绘
38              try{
39                  Thread. __________(100);//线程休眠阻塞 100 毫秒
40              }
41              catch(InterruptedException e)
42              {}
43          }
```

```
44          for(xpos=105;xpos>=5;xpos-=4)
45          {
46              __________();//请求重绘
47              try
48              {
49                  Thread.__________(100); //线程休眠阻塞 100 毫秒
50              }
51              catch(InterruptedException e)
52              {}
53          }
54      }
55      public void update(Graphics g)
56      {
57          ________________;//调用绘图方法 paint
58      }
59  }
```

程序运行结果如图 15-1 所示。

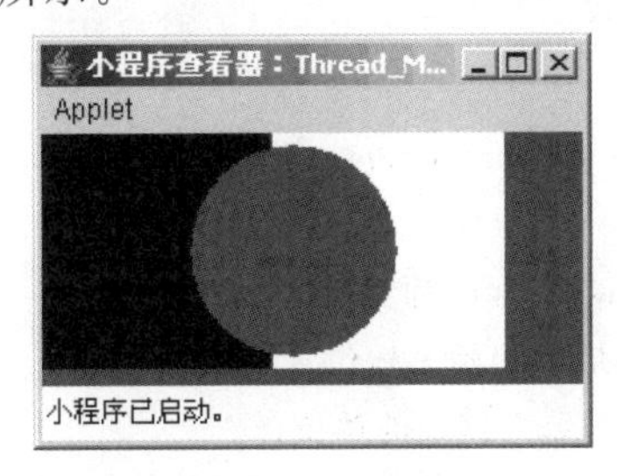


图 15-1　程序运行结果 20

**任务三:控制动画运行状态(40 分钟)**

**指导**(5 分钟):控制线程动画的方法。

控制线程动画的基本思路是:

设置两个按钮,当单击按钮时分别调用两个方法:playMovie()和 stopMovie()。将创建线程和使线程就绪的语句放入 playMovie()方法中,将终止线程的语句放入 stopMovie()方法中,这样做造成线程的终止,但只要记住图形原来的位置坐标,下次绘图时接着绘制就可以了。

**练习**(35 分钟):制作控制线程动画示例。

**设计题目:**制作一个会来回滚动的球的动画,并通过按钮控制球何时滚动和停止。

**设计要求:**

(1)在 JPanel 中绘制一个圆形,代替球体。

(2)让球从屏幕的左端移动到右端,然后再移动回左端。

(3)绘制按钮并实现 playMovie()和 stopMovie()方法,完成事件处理,用以控制球的运行状态。

**设计提示:**

(1)因为 JPanel 是一个 Swing 组件,因此在 JPanel 中绘制当前帧时要使用 paintComponent(Graphics g)方法,而非 paint(Graphics g)方法,详细资料请参考 JDK API Document。

(2)要使线程终止,不再使用 stop()方法,因为 stop()方法具有不安全性,它会强行终止当前线程,使与当前线程相关的其他程序对象状态不一致,从而导致程序整体运行不稳定。虽然在本例中不至于产生严重的问题,但代码也做了修改。

以下为实现了多线程的面板类,绘制了运动的圆形。

| 行号 | MoviePanel.java |
|---|---|

```
1   import java.awt.*;
2   import java.awt.event.*;
3   import javax.swing.*;
4   /**
5    *实现了多线程的面板类
6    */
7   class MoviePanel extends JPanel implements Runnable
8   {
9       private Thread runner; //线程实例成员属性
10      int xPos=5; //圆形的起始坐标位置
11      int xMove=4; //圆每次移动的单位量
12      void playMovie() //自定义的启动动画的方法
13      {
14          if(runner==null)
15          {
16              runner=new Thread(this);
17              runner.start();
18          }
19      }
20      void stopMovie() //自定义的终止动画的方法
21      {
22          if(runner!=null)
23          {
24              runner=null;
25          }
26      }
27      public void run()
28      {
```

```
29          Thread thisTread=Thread. currentThread()； //获取当前线程
30          while(runner= =thisTread)//Java2 版本后，stop 方法不推荐使用，通过使用两
                                  个变量的比较来控制循环
31          {
32              xPos+ =xMove；
33              if(xPos>105) //控制圆的运行状态的语句，可以任意调节
34              {
35                  xMove+ =-1；
36              }
37              if((xPos<5)
38              {
39                  xMove+ =1；
40              }
41              repaint()；
42              try{
43                  Thread. sleep(100)；
44              }
45              catch(InterruptedException e){}
46          }
47      }
48      public void paintComponent(Graphics g) //Swing 组件的绘图方法
49      {
50          Graphics2D g2D=(Graphics2D)g； //以下为 Java2D 绘图
51          g2D. setColor(Color. black)；
52          g2D. fillRect(0,0,100,100)；
53          g2D. setColor(Color. white)；
54          g2D. fillRect(100,0,100,100)；
55          g2D. setColor(Color. red)；
56          g2D. fillOval(xPos,5,90,90)；//画圆
57      }
58  }
```

主类代码：

| 行号 | Thread_Movie. java |
|---|---|

```
1  import java. awt. * ；
2  import java. awt. event. * ；
3  import javax. swing. * ；
4  public class Thread_Movie extends JFrame implements ActionListener
5  {
6      MoviePanel p=new MoviePanel()；
7      JButton startButton=new JButton("Start")；
```

```
8           JButton stopButton=new JButton("Stop");
9           public Thread_Movie()
10          {
11              super("线程动画控制演示");
12              setSize(210,170);
13              setDefaultCloseOperation(JFrame.EXIT_ON_CLOSE);
14              JPanel pane=new JPanel();
15              BorderLayout border=new BorderLayout();
16              pane.setLayout(border);
17              JPanel buttonPanel=new JPanel();
18              startButton.addActionListener(this);
19              stopButton.addActionListener(this);
20              stopButton.setEnabled(false);
21              buttonPanel.add(startButton);
22              buttonPanel.add(stopButton);
23              pane.add(p,"Center");
24              pane.add(buttonPanel,"South");
25              setContentPane(pane);
26              show();
27          }
28          public void actionPerformed(ActionEvent e)
29          {
30              if(e.getSource()==startButton)
31              {
32                  p.playMovie();
33                  startButton.setEnabled(false);
34                  stopButton.setEnabled(true);
35              }
36              if(e.getSource()==stopButton)
37              {
38                  p.stopMovie();
39                  stopButton.setEnabled(false);
40                  startButton.setEnabled(true);
41              }
42          }
43          public static void main(String args[])
44          {
45              Thread_Movie t=new Thread_Movie();
46          }
47      }
```

程序运行结果如图 15-2 所示，可以使用按钮控制圆形的运动和停止。

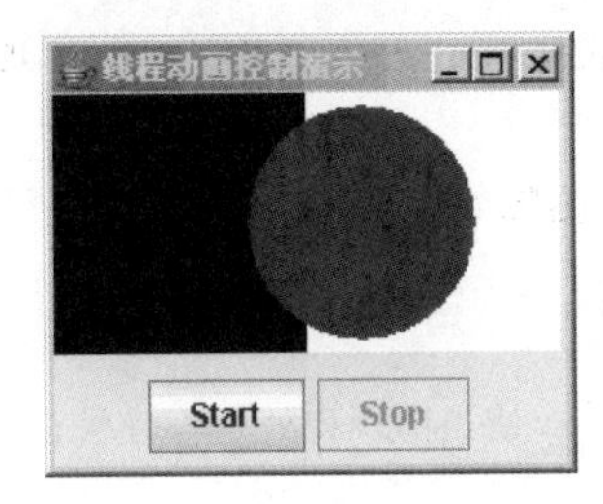


图 15-2　程序运行结果 21

## 第三部分　单元练习

**设计题目：**以多线程方式模拟围棋游戏。

**设计要求：**

(1)模拟两个棋手下棋，要求使用 Applet 程序，程序中只显示出该哪一个棋手走棋即可。

(2)程序界面如图 15-3 所示，两个棋手轮流走棋，显示出当前手数。

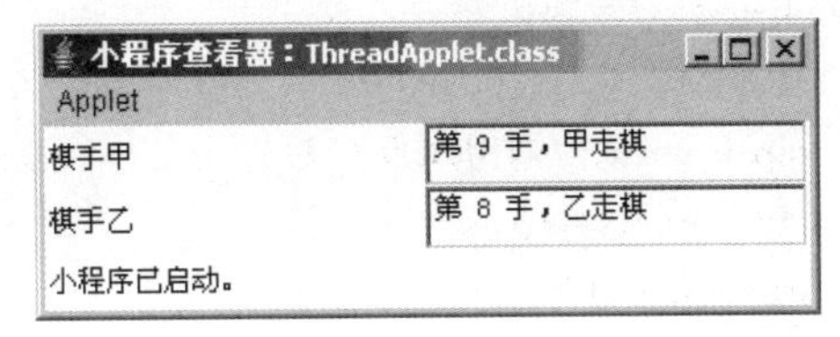


图 15-3　程序界面

**设计思路：**

代码基本结构如下：

| 行号 | ThreadApplet.java |
| --- | --- |

```
1  public class ThreadApplet extends Applet
2  {
3      Qipan qipan;//定义 Qipan 变量
4      Player firstPlayer,secondPlayer;//定义两个线程
5      public void init()//小应用程序的初始化方法
6      {
7          qipan=new Qipan(0);//创建 Qipan 对象
8          firstPlayer=new Player(qipan);//创建线程 1
9          secondPlayer=new Player(qipan);//创建线程 2
10         firstPlayer.start();//启动线程
11         secondPlayer.start();//启动线程
12     }
13     //Qipan 是一个内部类,用于记录行棋过程
14     class Qipan
15     {
16         private int step;//行棋的步数
```

```
17            public synchronized void go()//同步方法,模拟行棋
18            {
19                notify();//通知处于等待状态的线程,可以启动
20                try
21                {
22                    wait();//使当前线程处于等待状态
23                }
24                catch(Exception e){}
25                step++;//行棋步数加 1
26            }
27        }
28        //线程类,用于模拟棋手
29        class Player extends Thread
30        {
31            Qipan qipan;//定义 Qipan  变量
32            public void run()//线程体
33            {
34                    qipan.go();//调用同步方法
35                    try{ sleep(1000); }
36                    catch(Exception e){}
37            }
38        }
39    }
```

设计两个内部类,分别模拟棋手和棋盘,棋手是线程类,调用行棋方法 go()。行棋方法 go()是同步的,负责轮流调度两个棋手线程。请将代码补充完整。

# 实践十六　网络通信

（练习时间：共 90 分钟）

## 第一部分　本次上机目标

**本次上机任务：**

任务：实现短消息组播（90 分钟）

- 学习组播原理
- 在已学知识的基础上，使用现有资料完成短消息组播应用示例

**应掌握的技能点：**

- 复习 InetAddress、DatagramPacket、DatagramSocket 类和流技术
- 理解并掌握组播原理
- 运用 MulticastSocket 类完成组播功能

## 第二部分　上机实践

**任务：实现短消息组播（90 分钟）**

**指导**（5 分钟）：复习 InetAddress、DatagramPacket、DatagramSocket 类和流技术。

（1）InetAddress 类

网络上的主机地址有两种表示形式：

- 域名方式：www. sina. com. cn
- IP 地址方式：60. 28. 175. 134

使用 java. net 包中的 InetAddress 类可以获取这两种地址。例如：

```
InetAddress address01=InetAddress.getByName("224.0.0.1");
```

（2）DatagramPacket 类

DatagramPacket 类用于建立数据报包，它有四种构造方法（其中 buf 数组用于存放数据报数据）：

- DatagramPacket(byte[] buf, int length)

构造 DatagramPacket，用来接收长度为 length 的数据包。

- DatagramPacket(byte[] buf, int offset, int length)

构造 DatagramPacket，用来接收长度为 length 的包，并指定缓冲区偏移量。

- DatagramPacket(byte[] buf, int length, InetAddress address, int port)

构造 DatagramPacket，用来将长度为 length 的包发送到指定主机上的指定端口号。

- DatagramPacket(byte[] buf, int offset, int length, InetAddress address, int port)

构造DatagramPacket,用来将长度为length、偏移量为offset的包发送到指定主机上的指定端口号。

在接收数据时,应该使用上面第一、二种构造方法来构造DatagramPacket对象,在发送数据时,应该使用上面第三、四种构造方法来构造。

(3)DatagramSocket类

DatagramSocket类用于建立连接,发送和接收数据报。

```
DatagramPacket packet=new DatagramPacket(buf,1024,"224.0.0.1",9000);
DatagramSocket socket=new DatagramSocket();
socket.send(packet);
```

(4)MulticastSocket类

MulticastSocket类是java.net.DatagramSocket类的子类,它是组播数据报套接字类,用于发送和接收IP组播包。

**指导**(5分钟):组播原理。

(1)组播技术概述

在网络通信模式中,点到点(单播)的通信模式是在两个端点之间建立连接,一方发送信息,一方接收信息。单播不能满足某些情况下的网络通信的需求,如一方发送信息、多方接收信息的点到面的通信。组播的出现较好地解决了点到面的通信需求。

组播是将数据从一台主机发送到多台不同的主机(但不是每一台主机),数据仅送到那些加入指定组播组的主机上,可以随意参加和离开。

组播技术是以UDP为基础,其设计是为了尽可能地适合Internet的要求。在实现组播的过程中大多数的工作由路由器来完成,并且对于应用程序编写人员来说这些工作是无须考虑的。路由器所做的工作都是确保数据包能够传送到组播组中的所有主机。对于应用程序来说,所要注意的是在数据报的首部增加一个称作TTL(Time To Live,生存周期)的值。TTL是指允许数据报通过的路由器的最大数目,当达到最大值时,数据包就会被丢弃。组播技术利用TTL来限制数据包的传送距离。

组播技术的应用范围非常广泛,如多方会议、网上游戏、数据的复制、并发性计算等。

(2)组播地址和组播组

组播地址是指一个组播组里的一组主机的地址。组播地址是范围在224.0.0.0到239.255.255.255的D类IP地址,共有$2^{28}$约27亿个地址。与IP地址一样,组播地址也有一个主机名。

组播组是分享一个组播地址的一组主机。任何发送到组播地址的数据都会被发送到组内的所有成员。

许多组播地址都被保留起来用作特殊用途。所有以224.0.0开头的(例如,地址范围在224.0.0.0到224.0.0.255之间)地址都被保留作路由协议或其他底层活动,例如网关恢复和组播组组成报告,组播路由器不会发送数据报到这个地址范围内。另外,Java负责分配永久组播地址,大约已经分配了10000个永久组播地址。这些地址大多数以

224.0.224 或 224.0.239 开头。其他的 2.48 亿个 D 类地址用来临时分配给需要的用户。组播路由器负责确保两个不同的系统不会同时使用相同的 D 类地址。

(3)组播套接字(MulticastSocket)的使用

在 Java 网络类库中提供了实现组播的组播套接字类(MulticastSocket)。组播套接字的作用是将数据复制后发送到附近指定组播组的一个节点(或一组节点)。MulticastSocket 的特性与 DatagramSocket 非常相似,都是将数据放在 DatagramPocket 对象中,由 DatagramSocket 接收数据(DatagramSocket 和 DatagramPocket 的使用在前面已经介绍了)。向组播地址发送数据与发送 UDP 数据到单播地址相似。在发送数据前首先用 MulticastSocket 构造器创建一个 MulticastSocket 对象。例如:

```
MulticastSocket ms = new MulticastSocket(端口号);
```

(4)组播组的通信

主机向组播组发送数据时,是将数据放在组播数据报中传递的,组播数据报用于寻找组播组的地址。这些数据是基于 UDP 协议来发送的(尽管该协议不是很可靠,但是要比可靠性更高的 TCP 发送数据快 3 倍)。组播和 UDP 的基本区别是必须考虑 TTL 值,它用 IP 数据包的头部的一个字节表示。TTL 通过限制 IP 数据包被丢弃前通过的路由器数目,来决定 IP 数据包的生存时间。IP 数据包每通过一个路由器,TTL 就减 1,当 TTL 变为 0 时,这个包就被丢弃。TTL 的作用其一是防止配置有误的路由器把数据包在路由器之间无限地来回传递,其二是限制组播的地理范围。

当数据到达组播中的一台主机时,主机对此数据进行接收,当然,主机必须监听特定的端口并做好处理数据报的准备。

创建了 MulticastSocket 对象后,要想完成组播功能需要执行下列四种操作:

(1)加入组播组

调用 joinGroup(InetAddress address)方法加入地址为 address 的组播组。

(2)向组内发送数据

加入一个组播组后,创建一个 DatagramPocket 对象,然后将数据和组播地址加入数据报中。最后用 send 方法将数据向组内发送,例如:

```
send(new DatagramPacket(buf,buf.length,group,port),ttl);
```

(3)接收组内数据

一旦成功地加入了组播组,就可以调用 DatagramSocket 的 receive(DatagramPacket)方法接收组内数据。

(4)离开组播组

当准备退出时,通过调用 leaveGroup(address)方法离开组播组。

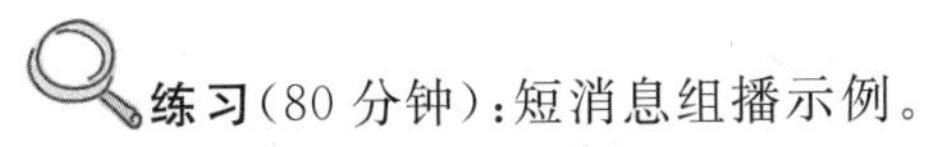

**练习**(80 分钟):短消息组播示例。

下面完成一个短消息组播示例。

创建两个 Application 类,一个用于发送组播(MulticastSender),另一个用于接收组播的消息(MulticastReceiver)。代码如下:

| 行号 | MulticastReceiver. java |
|---|---|

```
1   package com.lnjd.javaudp;
2
3   import java.net.*;
4   import java.io.*;
5   class MulticastReceiver {
6       public static byte ibuf[] = new byte[1024];
7       public static int port = 9000;
8       public static void MulticastReceive(String address) {
9           try {
10              /*创建一个 MulticastSocket 对象 */
11              MulticastSocket ms = new MulticastSocket(port);
12              InetAddress group = InetAddress.getByName(address);
13              ms.joinGroup(group);// 加入组播组
14              while (true) {
15                  DatagramPacket dp = new DatagramPacket(ibuf, ibuf.length);
16                  ms.receive(dp);
17                  System.out.println(new String(dp.getData(),
18                  0,dp.getLength()));
19                  String s = new String(dp.getData(), "ASCII");
20                  /*当接收到的数据为"The server is closed ... Bye!"时,退出组播组 */
21                  if (s.equals("The server is closed... Bye!")) {
22                      ms.leaveGroup(group);
23                      ms.close();
24                      break;
25                  }
26              }
27          } catch (Exception e) {
28              System.err.println(e);
29          }
30      }
31      public static void main(String args[]) throws Exception {
32          System.out.println("——接收机 等待接收信息——");
33          if (args.length > 0) {
34              String host = args[0];
35              MulticastReceive(host);
36          } else {
37              System.out.println("请输入主机名!");
38          }
39      }
40  }
```

| 行号 | MulticastSender.java |
| --- | --- |

```
1   import java.net.*;
2   class MulticastSender {
3       public static DatagramSocket ds;
4       public static byte ibuf[] = new byte[1024];
5       public static int port = ____【代码 1】____;//设置端口号
6       public static void MulticastSend(String address) {
7           byte ttl = 3;
8           try {
9               int pos = 0;
10              // 创建一个 MulticastSocket 对象
11              MulticastSocket ms = new MulticastSocket(port);
12              InetAddress group = InetAddress.getByName(address);
13              ms.joinGroup(group);//加入组播组
14              System.out.println("请输入要组播发送的信息:");
15              while (true) {
16                  int c = System.in.read();
17                  switch (c) {
18                  case -1:
19                      System.out.println("The server is Closed!");
20                      /*控制台的回车操作相当于'\r'和'\n'两个动作 */
21                  case '\r':
22                      break;
23                      /*当按回车键后,发送数据 */
24                  case '\n':
25                      /*
26                       *在使用 MulticastSocket 类的 send()方法发送数据报时,
27                       *数据报 DatagramPacket 需要指定四个参数
28                       */
29                      ms.send(new DatagramPacket(________, ________, ________,
                        ________), ttl); //【代码 2】指定四个参数
30                      pos = 0;
31                      break;
32                  /*当输入"/"时,退出组播组 */
33                  case '/':
34                      byte buf[] = "The server is closed...Bye!".getBytes();
35                      ms.send(new DatagramPacket(buf,buf.length,group, port),ttl);
36                      ms.leaveGroup(____【代码 3】____);//离开组
37                      ms.close();
38                      return;
```

```
39                       //当 case '/':分支运行完毕后,不再运行 case '\n':分支,直接退出
40                   default:
41                       ibuf[pos++] = (byte) c;
42                   }
43               }
44           } catch (Exception e) {
45               e.printStackTrace();
46           }
47       }
48       public static void main(String args[]) throws Exception {
49           if (args.length > 0) {
50               String host = args[0];
51               MulticastSend(host);
52           } else {
53               System.out.println("请输入主机名!");
54           }
55       }
56   }
```

**练习要求:**

参考 MulticastReceiver 类,将 MulticastSender 类的代码补全,填入表 16-1。

**表 16-1　　补全代码**

| 代码代号 | 代码答案 |
| --- | --- |
| 【代码 1】 | |
| 【代码 2】 | |
| 【代码 3】 | |

**练习提示:**

运行次序如下:

(1)可以随时启动一个或多个运行 MulticastReceiver 类的控制台。启动时,需要控制台输入参数,例如:

控制台盘符> java MulticastReceiver 224.0.0.1

(2)启动 MulticastSender 类,在控制台中输入要组播短消息。启动时,需要控制台输入参数,例如:

控制台盘符> java MulticastSender 224.0.0.1

(3)观察 MulticastReceiver 类的控制台接收的短消息。

(4)如要退出,在 MulticastSender 类的控制台中输入"/"。

参考图 16-1,试着运行并观察结果。

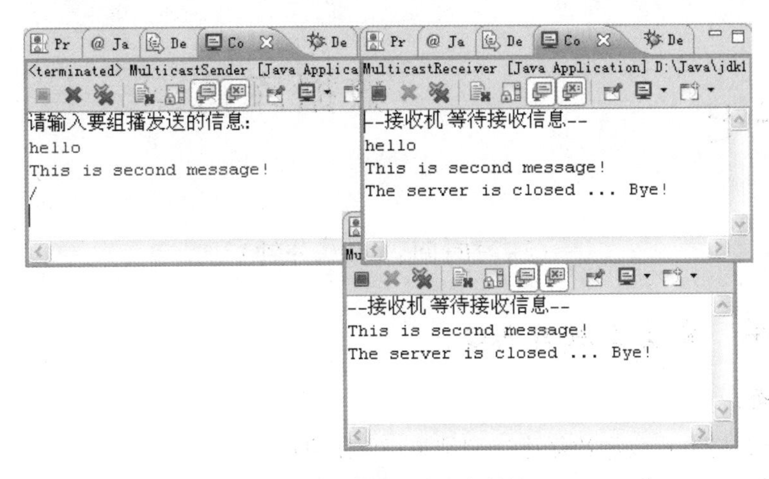


图 16-1　短消息组播运行结果

## ➲第三部分　单元练习☾

**案例题目:**参考本章的组播示例,思考如何在网络上组播图片。

**设计要求:**案例应有客户端和服务器端,服务器端发送组播的图片,客户端接收组播的图片。

**设计思路:**

(1)使用 I/O 流来读写图片,例如:

DataInputStream in=new FileInputStream("mypic.jpg");

然后使用 read()方法读出:

while((n=in.read())! =1){……}

其他代码与本章源码类似。

(2)请读者从教师处获得源码,或从网站教学资源包中下载源码。

# 实践十七 数据库访问

（练习时间：共 90 分钟）

## 第一部分 本次上机目标

**本次上机任务：**

任务：以表格方式显示数据库查询结果（90 分钟）

（1）数据库操作回顾

（2）在 GUI 界面中使用 JTable 组件显示数据库查询结果

**应掌握的技能点：**

（1）熟练掌握数据库操作的原理和步骤

（2）掌握在 GUI 界面中显示操作数据库查询结果的方法

## 第二部分 上机实践

**任务：以表格方式显示数据库查询结果（90 分钟）**

**指导**（5 分钟）：数据库操作回顾。

（1）JDBC 操作数据库的五个基本 API

- 驱动程序管理器（DriverManager）
- 连接（Connection）
- 驱动程序（Driver）
- 语句（Statement）
- 结果集（ResultSet）

（2）JDBC-ODBC Bridge 方式连接 Access 数据库的步骤：

```
try{
    Class.forName("sun.jdbc.odbc.JdbcOdbcDriver");//加载驱动
} catch(ClassNotFoundException e){}
try{
    con=DriverManager.getConnection("jdbc:odbc:数据源名");//创建数据库连接
    stmt=con.createStatement();//创建语句集
    rs=stmt.executeQuery("SQL 语句");//以控制台参数为查询条件执行查询并返回键集
    while(rs.next()){……}//判断键集是否有下一条记录
} catch(SQLException e){}
```

**练习**（85 分钟）：在 GUI 界面中使用 JTable 组件显示数据库查询结果。

**设计题目**：以表格方式显示数据库查询结果

**设计要求**：

(1)以表格方式显示数据库的查询结果，要求以数据库的字段名作为表格的标题行。

(2)基于模块化设计，将数据库连接、查询和界面显示分解为三个类。

**设计提示**：

(1)可使用简单的 JDBC-ODBC 桥访问 Access 数据库。

(2)类 Vector(矢量类)是一种高级数据结构，它的特点有：

➢ 其成员可以都是对象。

➢ 其大小可变，即可以承载数量不定的对象。

➢ 可以快速地定位对象的位置。

➢ 可以灵活地操作对象，如插入、删除对象等。

(3)类 JTable 可以同时以行、列的方式显示数据，构建表格时可以使用下列语句：

```
JTable(Vector rowData, Vector columnNames);
```

构造 JTable，其中矢量 rowData 是表格中的值，表格列标题名为 columnNames。

表格中的值可以从数据库查询得到，表格列标题名则可以用如下方法获取：

①在 ResultSet 类中有 getMetaData()方法，它可以获取对象的列(属性)信息，也就是数据库键集的字段属性列，语法如下：

```
ResultSetMetaData metaData=rs.getMetaData();
```

②然后通过 getColumnLabel(int)方法和一个循环获取各列的标题，并存储到矢量 columnNames 即可，语法如下：

```
int ColumnNum=metaData.getColumnCount();
Vector columnNames=new Vector();
for(int i=1;i<=ColumnNum;i++){
    columnNames.addElement(metaData.getColumnLabel(i));
}
```

(4)Access 数据库内容如下：其中数据库名为“stuDB”，表名为“stuTable”，表中数据如图 17-1 所示。

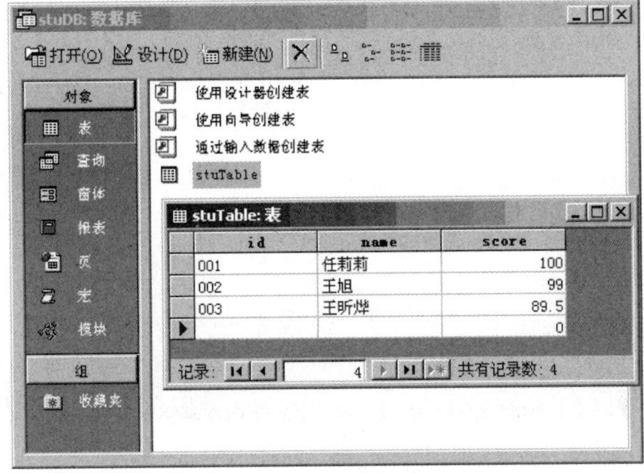


图 17-1 数据库数据显示

在程序运行前，设置好数据源，名称为：stuDatasource。

本例可以使用可视化工具设计，代码如下：

(1)数据库连接类代码

| 行号 | ConnectionManage.java 程序代码 |
| --- | --- |

```
1   package showdb;
2   import java.sql.Connection;
3   import java.sql.DriverManager;
4   import java.sql.SQLException;
5   import java.sql.ResultSet;
6   public class ConnectionManage{
7       private static final String DRIVER_CLASS ="sun.jdbc.odbc.JdbcOdbcDriver";
8       //private static final String DATASOURCE = "jdbc:odbc:showDBDataSource";
9       public static Connection getConnction(String _datasource) {
10          Connection dbConnection = null;
11          try {
12              Class.forName(DRIVER_CLASS);
13                //dbConnection = DriverManager.getConnection(DATABASE_URL,
                  DATABASE_USER,DATABASE_PASSWORD);
14              dbConnection = DriverManager.getConnection("jdbc:odbc:"+_datasource);
15          } catch (Exception e) {
16              e.printStackTrace();
17          }
18          return dbConnection;
19      }
20      /**
21       *关闭数据库连接的方法
22       */
23      public static void closeConnection(Connection dbConnection) {
24          try {
25              if (dbConnection != null && (! dbConnection.isClosed())) {
26                  dbConnection.close();
27              }
28          } catch (SQLException sqlEx) {
29              sqlEx.printStackTrace();
30          }
31      }
32      /**
33       *关闭数据库键集的方法
34       */
35      public static void closeResultSet(ResultSet res) {
36          try {
```

```
37                  if (res ! = null) {
38                      res. close();
39                  }
40              } catch (SQLException e) {
41                  e. printStackTrace();
42              }
43          }
44          /* *
45          * 关闭语句集的方法
46          */
47          public static void closeStatement(PreparedStatement pStatement) {
48              try {
49                  if (pStatement ! = null) {
50                      pStatement. close();
51                  }
52              } catch (SQLException e) {
53                  e. printStackTrace();
54              }
55          }
56      }
```

(2)查询访问类代码

| 行号 | ShowDAO. java 程序代码 |
|---|---|

```
1   package showdb;
2   import java. sql. Connection;
3   import java. sql. Statement;
4   import java. sql. ResultSet;
5   import java. io. * ;
6   import java. sql. * ;
7   public class ShowDAO  {
8       Connection conn;
9       Statement stmt;
10      ResultSet rs;
11      //ConnectionManage connManage=new ConnectionManage();
12      public ShowDAO(String datasource) throws SQLException{
13          conn=ConnectionManage. getConnction(datasource);
14          stmt=conn. createStatement();
15      }
16      public ResultSet queryDB(String sql) throws SQLException{
17          rs=stmt. executeQuery(sql);
18          return rs;
```

```
19          }
20    }
```

(3)窗体类代码

| 行号 | ShowDBFrame. java 程序代码 |
|---|---|

```
1    package showdb;
2    import java. awt. BorderLayout;
3    import java. awt. Dimension;
4    import javax. swing. * ;
5    import javax. swing. table. JTableHeader;
6    import java. util. Vector;
7    import java. sql. * ;
8    import java. awt. event. * ;
9    public class ShowDBFrame extends JFrame implements ActionListener{
10        JPanel contentPane;//中间容器
11        BorderLayout borderLayout1 = new BorderLayout();
12        JScrollPane jScrollPane;//容纳表格的滚动面板
13        JPanel jp;//容纳文本框和按钮的面板
14        JTable jTable;//表格,将在 showTable()方法中初始化
15        JTableHeader jTableHeader;
16        JButton jbtn=new JButton("开始查询");
17        JTextField jtf=new JTextField("在此输入查询语句",30);
18        final String showDBDatasource="stuDatasource";

19        ResultSet rs;
20        Vector rows=new Vector();
21        ResultSetMetaData metaData;
22        public ShowDBFrame() {
23            try {
24                setDefaultCloseOperation(EXIT_ON_CLOSE);
25                jbInit();
26            } catch (Exception exception) {
27                exception. printStackTrace();
28            }
29        }
30        /* *
31        * 自定义的组件初始化方法
32        */
33        private void jbInit() throws Exception {
34            contentPane = (JPanel) getContentPane();
```

```
35          contentPane. setLayout(borderLayout1);
36        //contentPane. add(jScrollPane,"Center");
37          jp=new JPanel();
38          jp. add(jtf);
39          jp. add(jbtn);
40          contentPane. add(jp,"South");
41          jbtn. addActionListener(this);
42          setSize(new Dimension(450, 300));
43          setTitle("显示数据库查询结果");
44      }
45      public void actionPerformed(ActionEvent e){
46          if(e. getSource()==jbtn){
47              try{
48                  ShowDAO showDao=new ShowDAO(showDBDatasource);
49                  rs=showDao. queryDB(jtf. getText());
50                  showTable();
51              }catch(SQLException ex){
52                  ex. printStackTrace();
53              }
54          }
55      }
56      public void showTable()throws SQLException{
57          /* 以下语句获取数据库表的表头和内容,存储到向量中 */
58          metaData=rs. getMetaData();
59          int ColumnNum=metaData. getColumnCount();

60          Vector columnNames=new Vector();
61          for(int i=1;i<=ColumnNum;i++){
62              columnNames. addElement(metaData. getColumnLabel(i));
63          }
64          while(rs. next()){
65              Vector newRow=new Vector();
66              for(int i=1;i<=ColumnNum;i++){
67                  newRow. addElement(rs. getObject(i));
68              }
69              rows. addElement(newRow);
70          }
71          /* 以下语句向 JTable 添加数据并显示它 */
72          jTable=new JTable(rows,columnNames);//初始化表格
73          contentPane. add(jTable. getTableHeader(),"North");//将表格头添加到窗体面板的北部
74          jScrollPane=new JScrollPane(jTable,JScrollPane. VERTICAL_SCROLLBAR_
            AS_NEEDED,JScrollPane. HORIZONTAL_SCROLLBAR_AS_NEEDED);
```

```
            //将表格放入滚动面板中
75          contentPane.add(jScrollPane,"Center");//将滚动面板添加到窗体面板的中部
76          contentPane.add(jp,"South");//将文本框和按钮所在的面板添加到窗体面板的南部
77          this.setContentPane(contentPane);//重新设置中间面板到窗体上,用以重新显示界面
78      }
79  }
```

(4)主类代码

| 行号 | ShowDB.java 程序代码 |
|---|---|

```
1   package showdb;
2   import java.awt.Toolkit;
3   import javax.swing.SwingUtilities;
4   import javax.swing.UIManager;
5   import java.awt.Dimension;
6   public class ShowDB {
7       boolean packFrame = false;
8       /**
9       * Construct and show the application.
10       */
11      public ShowDB() {
12          ShowDBFrame frame = new ShowDBFrame();
13          //Validate frames that have preset sizes
14          //Pack frames that have useful preferred size info, e.g. from their layout
15          if (packFrame) {
16              frame.pack();
17          } else {
18              frame.validate();
19          }
20          //Center the window
21          Dimension screenSize = Toolkit.getDefaultToolkit().getScreenSize();
22          Dimension frameSize = frame.getSize();
23          if (frameSize.height > screenSize.height) {
24              frameSize.height = screenSize.height;
25          }
26          if (frameSize.width > screenSize.width) {
27              frameSize.width = screenSize.width;
28          }
29          frame.setLocation((screenSize.width - frameSize.width) / 2,
```

```
30                          (screenSize. height - frameSize. height) / 2);
31            frame. setVisible(true);
32        }
33        / * *
34         * Application entry point.
35         *
36         * @param args String[]
37         * /
38        public static void main(String[] args) {
39            SwingUtilities. invokeLater(new Runnable() {
40                public void run() {
41                    try {
42                        UIManager. setLookAndFeel(UIManager.
43                        getSystemLookAndFeelClassName());
44                    } catch (Exception exception) {
45                        exception. printStackTrace();
46                    }
47                    new ShowDB();
48                }
49            });
50        }
51    }
```

程序运行结果如图 17-2 所示。

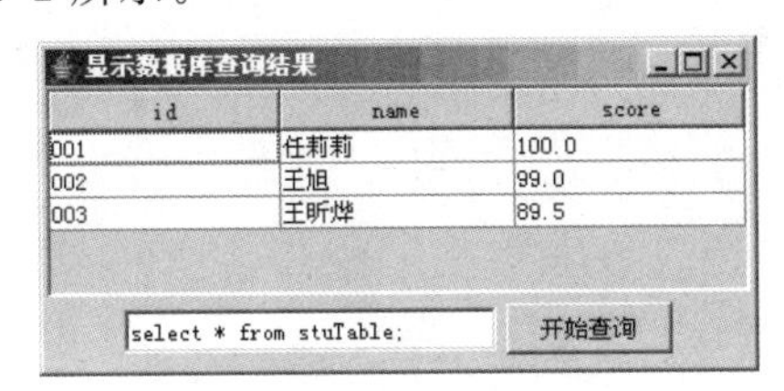


图 17-2 程序运行结果 22

## 第三部分 单元练习

试着使用 SQL Server 数据库和 JDBC Type 4 驱动来完成本实践课的示例程序(注意配置 JDBC Type 4 驱动的步骤)。

阶段性项目一 户外店货品购销存系统——模拟登录系统的实现

## OOAD:面向对象分析与实现

（建议课时:90 分钟×5）

### 第一部分 需求描述

绿葱茏户外店扩大了业务经营,为了更好地进行管理,该店计划安装货品购销存系统软件,该软件要具备的功能如下:

(1)该软件程序具有登录功能。

(2)有三种雇员可以使用该软件,分别是:系统管理员、仓库管理员和销售员。

(3)雇员登录时输入的信息由具体的输入设备输入,如手机、PDA 或计算机键盘。

(4)该软件可以对登录雇员的身份进行识别,不同的雇员根据其操作权限给予不同的操作显示界面。

(5)该软件具备销售管理和库存管理功能,具有对销售记录和库存商品进行增、删、改、查的功能,针对不同的雇员,除了登录的操作一致之外,他们对数据信息的操作权限分别是:

- 系统管理员:增、删、改、查销售记录和库存商品。
- 仓库管理员:增、查库存商品。
- 销售员:增销售记录。

程序用例图如图 p1-1 所示。

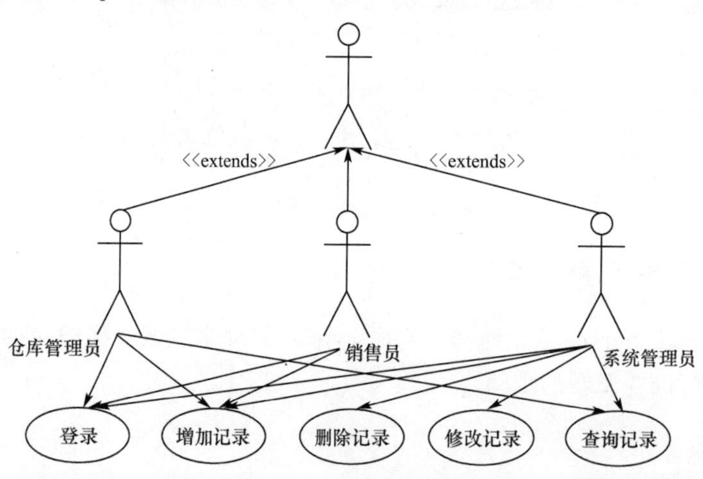


图 p1-1 程序用例图

程序类图如图 p1-2 所示。

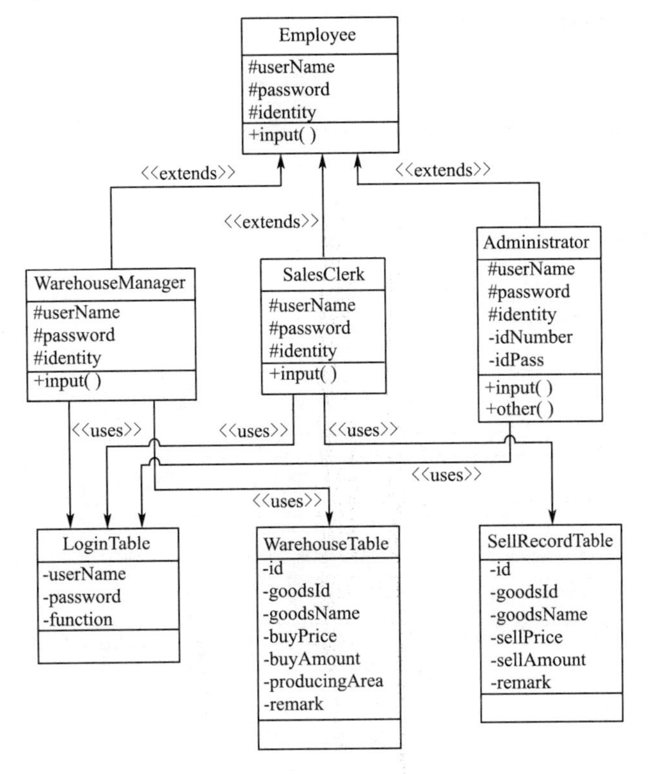


图 p1-2　程序类图

本阶段需要完成如下任务：

(1)雇员可以凭借用户名和密码或 id 号码和密码(仅限管理员)进入系统。

(2)雇员输入的信息由具体的输入设备输入。

(3)计算机根据雇员的输入信息对其进行验证，验证的内容有：雇员身份、登录方式、登录信息是否与数据库相符。

(4)软件要有一定的错误处理能力，用户在使用此软件时从控制台可以看到其相应的操作信息。

## 第二部分　开发环境

系统平台：Windows 7

开发工具：Eclipse 3.5.2

辅助工具：Visio 2003

## 第三部分　技能目标

(1)掌握面向对象编程的特点。

(2)会使用封装的形式编写类。

(3)会使用继承的方式实现代码复用。

(4)会使用多态的形式完成面向接口的编程。

(5)会使用异常处理输出异常信息。

## 第四部分 系统设计分析

登录系统的关系图：

(1)雇员通过输入设备登录。

(2)登录信息输入计算机系统后，由计算机系统的校验模块实现登录信息的校验。

登录系统关系图如图 p1-3 所示。

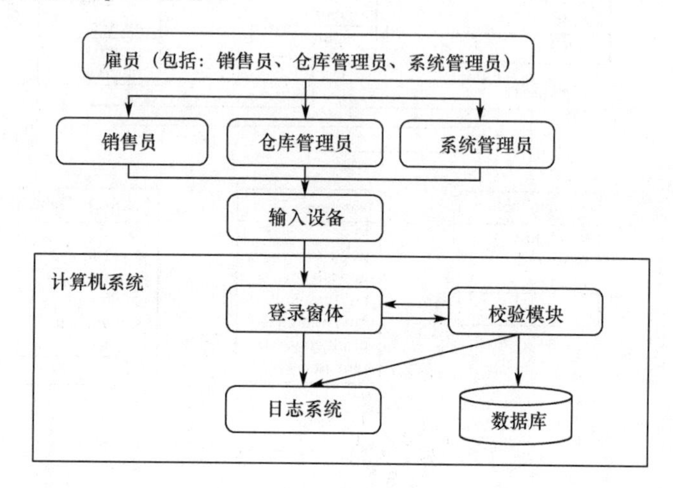


图 p1-3 登录系统关系图

➢ 系统由如下类包和类构成：

- sys 包

①LoginSys 类：登录系统类，包括计算机和输入设备等。

②DBInfo 类：数据库模拟类，模拟数据库上存储的数据。

③InputEquip 类：输入设备类，用来接收雇员登录时输入的信息，并存储它们。

④Computer 类：计算机类，可以启动校验方法，根据登录信息的内容，自动判断选择相应的校验方法。

- validate 包

①Validate 接口：声明检测方法。

②GenericValidate 类：默认验证类，包括数据库信息和雇员信息，用于对比检测。

③PasswordValidate 类：密码验证类，可以进行用户名和密码的校验。

④IdValidate 类：Id 验证类，可以进行 id 号码和密码的校验。

- user 包

①超类 Employee（雇员）。

②子类 WarehouseManager（仓库管理员）、SalesClerk（销售员）、Administrator（系统管理员）。

- util 包

AppConstant 类：工具类，定义本系统所用常量。

- test 包

对各种雇员的登录操作进行测试。

➢ 各雇员类功能

(1)超类 Employee (雇员)：应具有用户名、密码、身份特性(属性)和输入信息的行为(方法)。

(2)子类 Administrator(系统管理员)：应具有 Employee 类的所有属性和方法，另外还具有 id 号码和密码的属性。

(3)子类 WarehouseManager(仓库管理员)、SalesClerk(销售员)：具有 Employee 类的所有属性和方法，但没有 Administrator 类(系统管理员)的 id 号码和密码属性。

(4)用户在使用此软件时从控制台可以看到其相应的操作信息。

## 第五部分　推荐实现步骤

(1)创建工程，创建各个类包，包括：sys、user、validate、util、test。登录系统包结构如图 p1-4 所示。

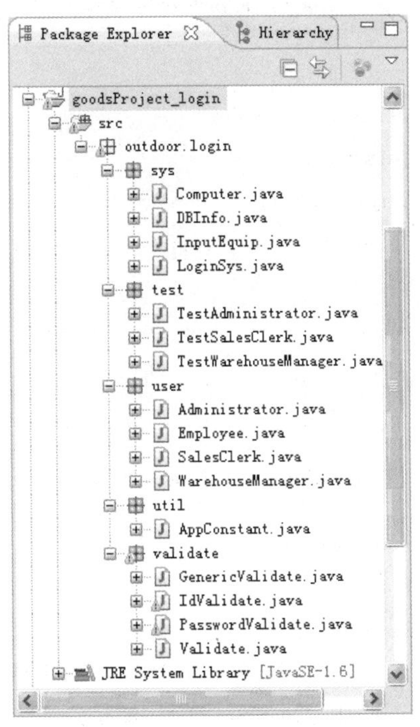


图 p1-4　登录系统包结构

为了清楚地说明系统的运行流程，给出简单的“测试销售员(SalesClerk)使用用户名和密码登录的序列图”，如图 p1-5 所示。

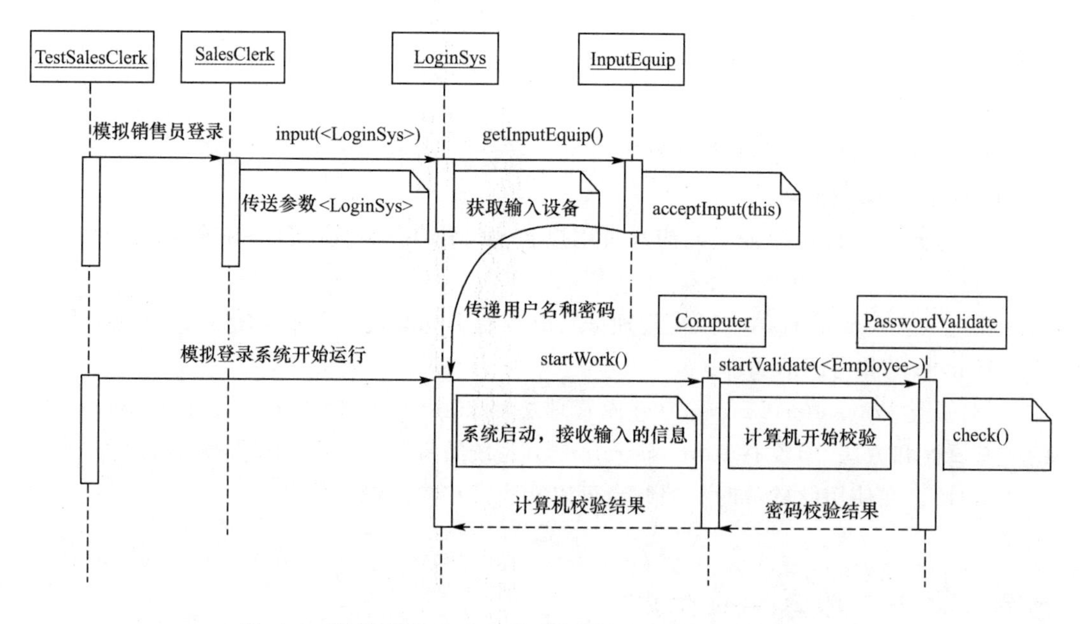


图 p1-5 测试销售员(SalesClerk)使用用户名和密码登录的序列图

(2)创建超类 Employee,其类定义的内容如下：

| 行号 | Employee.java 程序代码 |
|---|---|
| 1 | public abstract class Employee { |
| 2 | protected String userName;//用户名 |
| 3 | protected String password;//密码 |
| 4 | protected int identity;//身份码 |
| 5 | public abstract void input(LoginSys loginSys);//输入方法 |
| 6 | } |

将 Employee 定义为抽象类,input()方法为抽象方法。

(3)创建超类 Employee 的三个子类,其中 Administrator 类构成如下：

| 行号 | Administrator.java 程序代码 |
|---|---|
| 1 | public class Administrator extends Employee { |
| 2 | private String idNumber;//id 号码 |
| 3 | private String idPass;//id 密码 |
| 4 | protected int identity=AppConstant.IDENTITY_ADMINISTRATOR;//身份码 |
| 5 | public void input(LoginSys loginSys) { //输入方法 |
| 6 | loginSys.getInputEquip().acceptInput(this); |
| 7 | } |
| 8 | } |

增加了 idNumber 和 idPass 属性。input()方法中对 LoginSys 类进行了调用，意指系统管理员操作 input()方法时登录了购销存软件的登录系统。

使用继承，根据 Administrator 类实现另外两个子类。

(4)创建一个登录系统类 LoginSys，具有 InputEquip 设备和 Computer 设备，当雇员完成信息输入后，登录系统就开始验证工作。LoginSys 类构成如下：

| 行号 | LoginSys. java 程序代码 |
|---|---|

```
1   public class LoginSys {
2       InputEquip inputEquip=new InputEquip();
3       Computer computer=new Computer();
4       /**
5        *登录系统开始工作
6        */
7       public void startWork(){
8           boolean isPass=false;
9           if(this.getInputEquip().getPassword()!=""&&
10          this.getInputEquip().getIdentity()==AppConstant.IDENTITY_SALESCLERK){
11              //判断是否销售员使用了用户名和密码验证
12              SalesClerk emp=new SalesClerk();
13              emp.setUserName(this.getInputEquip().getUserName());
14              emp.setPassword(this.getInputEquip().getPassword());
15              isPass=computer.startValidate(emp);//能根据雇员类型进行不同校验
16          }else if(){……}
17          if(isPass==true){
18              System.out.println("==========登录成功,进入系统!=========");
19          }else{
20              System.out.println("==========登录失败,退出!==========");
21              System.exit(0);
22          }
23      }
24  }
```

Computer 类构成如下：

| 行号 | Computer. java 程序代码 |
|---|---|

```
1   public class Computer {
2     public boolean startValidate(Employee emp){
3         boolean valid=false;
4         if(emp instanceof SalesClerk){//销售员
5             PasswordValidate passwordValidate=new PasswordValidate((SalesClerk)
```

```
              emp);//强制类型转换后,传入雇员对象
6                 valid=passwordValidate.check();
7             }else if(){……}
8         }
9  }
```

InputEquip 类构成如下：

| 行号 | InputEquip.java 程序代码 |
|---|---|

```
1  public class InputEquip {
2      String userName="";
3      String password="";
4      String idNumber="";
5      String idPass="";
6      int identity=AppConstant.IDENTITY_INVALID;//雇员身份识别
7      /**
8       *获取缓存输入信息,并保存
9       */
10     public void acceptInput(Employee emp){//接收雇员输入的信息
11         System.out.print("您的用户身份是:");
12         //1:销售员;2:库管员;3:系统管理员 (注意:其他数字无效!)
13         if(emp instanceof SalesClerk){
14             identity=AppConstant.IDENTITY_SALESCLERK;
15             System.out.println("销售员");
16         }else if(emp instanceof WarehouseManager){
17             identity=AppConstant.IDENTITY_WAREHOUSEMANAGER;
18             System.out.println("库管员");
19         }else if(emp instanceof Administrator){
20             identity=AppConstant.IDENTITY_ADMINISTRATOR;
21             System.out.println("系统管理员");
22         }else{
23             System.out.println("数字无效!");
24             System.exit(0);
25         }
26         if(identity==AppConstant.IDENTITY_SALESCLERK || identity==
           AppConstant.IDENTITY_WAREHOUSEMANAGER){
27             otherInput();
28         }else if(identity==AppConstant.IDENTITY_ADMINISTRATOR){
29             adminInput();//自行完成
30         }else{
31             System.out.println("--------输入无效,退出! --------");
32             System.exit(0);
33         }
```

```
34      }
35      private void otherInput(){//适用于 1：销售员；2：库管员的输入
36          System.out.println("请输入身份验证方式==> 1：用户名和密码验证；0：退出系统");
37          Scanner info=new Scanner(System.in);
38          int method=0;
39          try {
40              method=Integer.parseInt(info.nextLine());
41          } catch (NumberFormatException e) {
42              //TODO Auto-generated catch block
43              System.out.println("----数字格式输入不正确，退出！----");
44              e.printStackTrace();
45          }
46          if(method==1){//用户名和密码验证
47              System.out.println("请输入用户名，然后回车：");
48              userName=info.nextLine();
49              System.out.println("请输入密码，然后回车：");
50              password=info.nextLine();
51          }else if(method==0){
52              System.out.println("----系统退出！---");
53              System.exit(0);
54          }
55          System.out.println("----输入信息结束-----");
56      }
57  }
```

其中 adminInput()请读者自行完成。

**指导**：使用 instanceof 运算符来判断输入的 Employee 实例究竟是哪个子类的实例。

例如，判断 emp 对象是否为 Administrator 类的实例，使用语法如下：

if(emp instanceof Administrator ){……}

(5)对于工具类 AppConstant，它的基本构成如下：

**行号　　AppConstant.java 程序代码**

```
1  public class AppConstant {
2      public final static int IDENTITY_INVALID=0;//身份数字无效
3      public final static int IDENTITY_SALESCLERK=1;//销售员身份
4      public final static int IDENTITY_WAREHOUSEMANAGER=2;//库管员身份
5      public final static int IDENTITY_ADMINISTRATOR=3;//系统管理员身份
6  }
```

以上完成了雇员信息的输入功能。

(6)接下来,我们先看看其中一种雇员(销售员)是如何登录并验证的。测试类TestSalesClerk构成如下:

| 行号 | TestSalesClerk.java 程序代码 |
| --- | --- |
| 1 | public class TestSalesClerk { |
| 2 |     public static void main(String[] args) { |
| 3 |         SalesClerk salesClerk=new SalesClerk();//模拟一个销售员 |
| 4 |         LoginSys loginSys=new LoginSys();//模拟一个登录系统 |
| 5 |         salesClerk.input(loginSys);//销售员向登录系统输入个人信息 |
| 6 |         loginSys.startWork();//登录系统开始运作 |
| 7 |     } |
| 8 | } |

最终运行效果如图p1-6所示。

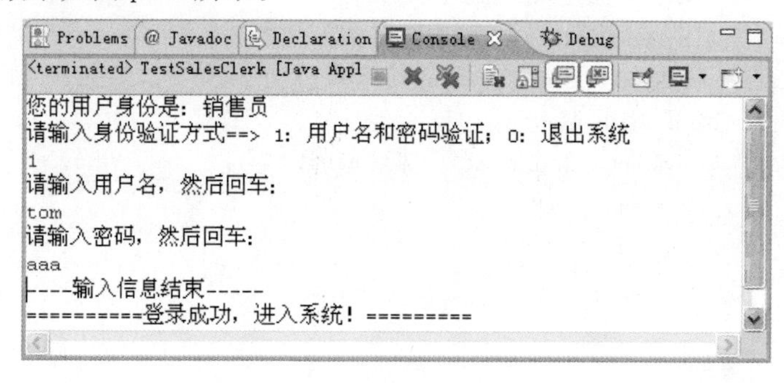


图p1-6 最终运行效果

**注意**:本阶段项目用例与下一阶段项目用例要完成的编程内容没有相关性,只是为了练习本阶段的OOP技术点和理解项目需求。

## 第六部分 课时安排

第一阶段:教师讲解题目要求并带领学生进行需求分析(90分钟)。

(1)学生先阅读第一部分至第四部分(20分钟)。

(2)教师讲解需求,学生理解需求(70分钟)。

第二阶段:学生实现项目的设计与编码(90分钟×3)。

(1)教师演示编写包和类,完成销售员登录过程(45分钟)。

(2)学生参考教师的开发过程,使用Visio绘制库管员登录过程序列图,并完成库管员登录过程的代码开发(90分钟)。

(3)教师提示系统管理员的登录过程的需求特点(45分钟)。

(4)学生根据提示,在教师的指导下完成系统管理员的登录过程(90分钟)。

第三阶段:教师检查、点评与总结学生作品(90分钟)。

# 阶段性项目二 户外店货品购销存系统——功能分析与界面设计(一)

(建议课时:90 分钟×2)

## 第一部分 需求描述

继续改进绿葱茏户外店货品购销存系统软件,完善其界面,初步建立从登录到显示相应管理界面的功能,该软件界面需具备的功能如下:

➢ 该软件程序具有主窗口和登录窗口。

➢ 主窗口有菜单栏,包括“文件”“销售管理”“库存管理”“帮助”等菜单项,界面如图 p2-1 所示,其中“文件”菜单中有“登录”菜单项。

图 p2-1 主窗口

➢ “登录窗体”对话框可以对登录的用户名、密码进行识别,如图 p2-2 所示。

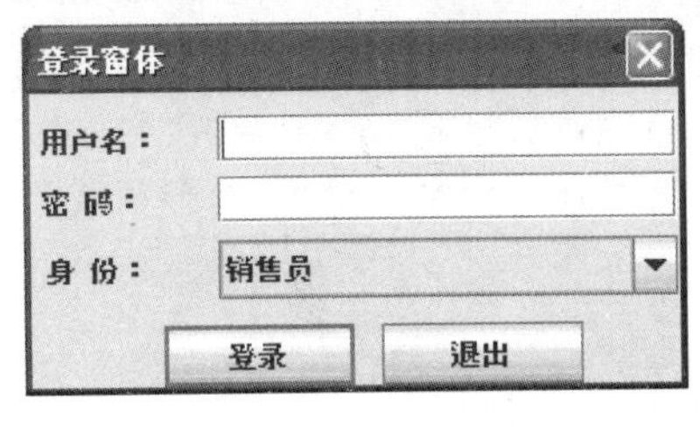


图 p2-2 “登录窗体”对话框

➢ 登录成功后,“登录窗体”对话框消失,返回主窗口,根据用户登录身份启用相应的菜单。例如,当以库管员的身份登录成功后,主窗口的“库存管理”菜单项将启用,如图 p2-3 所示。

该软件具备对销售记录和库存商品进行增、删、改、查的功能,其中“库存管理”对话框如图 p2-4 所示。

“销售记录管理”对话框如图 p2-5 所示。

图 p2-3 库管员登录成功后的主窗口

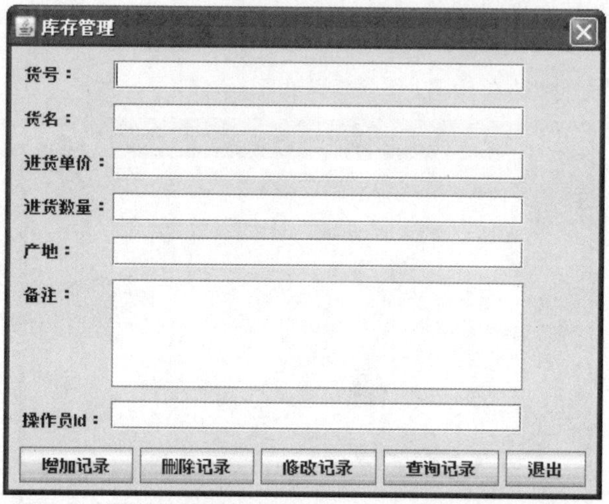

图 p2-4 “库存管理”对话框

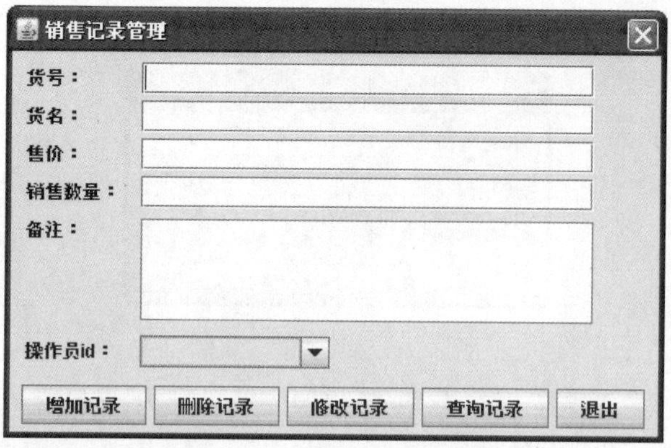

图 p2-5 “销售记录管理”对话框

## 第二部分 开发环境

系统平台:Windows 7

开发工具:Eclipse 3.5.2

插件工具:WindowBuilder 7.2

辅助工具:Visio 2003、JDK API Document

## 第三部分　技能目标

➢ 熟悉并掌握 Eclipse 下安装插件的方法。

➢ 熟练掌握并使用可视化 IDE 来开发基于 C/S 构架的 Java GUI 程序的方法。

➢ 了解 Java Application 应用程序的基本调用次序及开发过程。

## 第四部分　系统设计分析

➢ 登录系统流程图

其中库存管理部分的功能基本流程如图 p2-6 所示,本阶段练习基本 GUI 图形界面的创建和相互调用。

➢ GUI 界面由如下类包和类构成(登录系统工程类包结构如图 p2-7 所示)

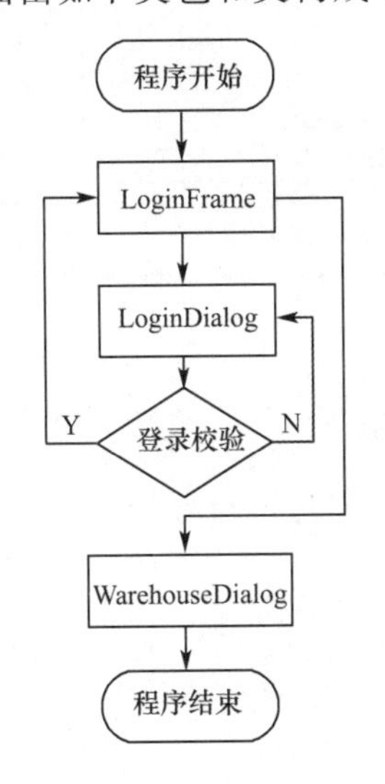


图 p2-6　库存管理基本流程

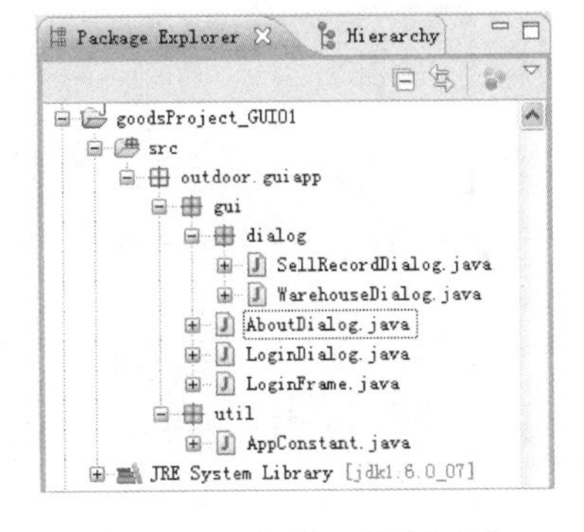


图 p2-7　登录系统工程类包结构

- gui 包

(1)主窗口类 LoginFrame,扩展自 JFrame,含有“登录”“销售管理”“库存管理”“帮助”等菜单项。

(2)“登录窗体”对话框类 LoginDialog,扩展自 JDialog,可输入“用户名”和“密码”,并可选择用户身份。

(3)“关于”对话框类 AboutDialog,显示“关于”对话框。

- gui 包下的 dialog 子包

(1)SellRecordDialog 类,显示“销售管理”对话框。

(2)WarehouseDialog 类,显示“库存管理”对话框。

- util 包

AppConstant 类,系统工具类,用于存放整个应用程序需要的全局变量。

## ➲第五部分　推荐实现步骤

(1)观看教学视频或听取教师讲解 Eclipse GUI 设计基本使用技巧。

(2)使用 Eclipse 创建工程,并创建包和相应的界面类,如图 p2-7 所示。

• 创建主界面类 LoginFrame

LoginFrame 类中创建所有菜单及其菜单项,“销售管理”与“库存管理”菜单项默认为不可用状态,如图 p2-8～图 p2-11 所示。

图 p2-8　“文件”菜单

图 p2-9　“销售管理”菜单

图 p2-10　“库存管理”菜单

图 p2-11　“帮助”菜单

例如,设置“销售管理”菜单为不可用的语法为:menuSell. setEnabled(false);

• 创建“登录窗体”对话框类 LoginDialog

LoginDialog 类中创建 UI 界面,然后编写登录事件,如果登录成功则显示父窗体,并启用相应菜单,“登录”按钮 btnLogin 事件代码如下:

| 行号 | btnLogin 事件代码 |
|---|---|
| 1 | `btnLogin.addActionListener(new ActionListener() {` |
| 2 | `    public void actionPerformed(ActionEvent e) {` |
| 3 | `        //校验用户名、密码,身份任意` |
| 4 | `        String userName=txtUserName.getText();` |
| 5 | `        String password=txtPassword.getText();` |

```
6        String identity_str=cboIdentity.getSelectedItem().toString();
7        if(userName.equals("Tom") && password.equals("aaa")){
8            parentFrame.dispose();//首先关闭原来的父窗体
9            //设置当前用户身份到全局变量
10           AppConstant.currentUserStatus=identityStrToInt(identity_str);
11           //再新建一个 LoginFrame 窗体
12           LoginFrame loginFrame=new LoginFrame();
13           loginFrame.setVisible(true);
14           setVisible(false);
15       }else {
16           System.out.println("LoginDialog--->用户校验错误！重新输入");
17       }
18   }
19 });
```

本阶段不考虑访问数据库，因此假定有用户“Tom”，密码为“aaa”，其身份可以任意。

**注意**：代码第 10 行，这里调用了一个转换方法 identityStrToInt()，用来将字符串类型的身份码转成整型，代码如下：

| 行号 | identityStrToInt()代码 |
|---|---|

```
1  private int identityStrToInt(String identity_str) {
2      int identity=AppConstant.IDENTITY_INVALID;
3      if(identity_str.trim().equals("销售员")){
4          identity=AppConstant.IDENTITY_SALESCLERK;     }
5      else if(identity_str.trim().equals("库管员")){
6          identity=AppConstant.IDENTITY_WAREHOUSEMANAGER;}
7      else if(identity_str.trim().equals("系统管理员")){
8          identity=AppConstant.IDENTITY_ADMINISTRATOR;}
9      else{
10         identity=AppConstant.IDENTITY_INVALID;
11     }
12     return identity;
13 }
```

- AppConstant 类的设计

| 行号 | AppConstant.java 程序代码 |
|---|---|

```
1  public class AppConstant {
2      public final static int IDENTITY_INVALID=0;//身份数字无效
3      public final static int IDENTITY_SALESCLERK=1;//销售员身份
4      public final static int IDENTITY_WAREHOUSEMANAGER=2;//库管员身份
```

```
5     public final static int IDENTITY_ADMINISTRATOR=3;//系统管理员身份
6     public static int currentUserStatus=IDENTITY_INVALID;//当前用户状态
7 }
```

• 根据要求制作"库存管理"对话框类 WarehouseDialog

其界面如图 p2-4 所示(本阶段可以不用考虑界面内部组件的创建)。

参考流程图 p2-6,完成创建 LoginFrame 窗体的菜单,并实现事件,完成程序各窗体的调用显示。

LoginFrame 类中菜单部分的控制代码。

| 行号 | LoginFrame.java 程序代码 |
|---|---|

```
1  setMenuStatusToDefault();//设置菜单默认状态
2  /*从全局变量中读出用户状态,进行判断*/
3  if(AppConstant.currentUserStatus==AppConstant.IDENTITY_INVALID){
4      setMenuStatusToDefault();
5  }else if(AppConstant.currentUserStatus==AppConstant.IDENTITY_SALESCLERK){
6      setMenuStatusForSalesClerk();
7  }else if(AppConstant.currentUserStatus==AppConstant.IDENTITY_WAREHOUSEMANAGER){
8      setMenuStatusForWarehouseManager();
9  }else if(AppConstant.currentUserStatus==AppConstant.IDENTITY_ADMINISTRATOR){
10     setMenuStatusForAdministrator();
11 }
```

其中,setMenuStatusToDefault()方法的代码如下:

| 行号 | setMenuStatusToDefault()方法代码 |
|---|---|

```
1  //设置默认菜单状态,销售管理和库存管理菜单都不可用
2  private void setMenuStatusToDefault(){
3      menuSell.setEnabled(false);
4      menuWarehouse.setEnabled(false);
5      miSell_Insert.setEnabled(false);
6      miSell_Delete.setEnabled(false);
7      miSell_Update.setEnabled(false);
8      miSell_Query.setEnabled(false);
9      menuWarehouse.setEnabled(false);
10     miWarehouse_Insert.setEnabled(false);
11     miWarehouse_Delete.setEnabled(false);
12     miWarehouse_Update.setEnabled(false);
13     miWarehouse_Query.setEnabled(false);
14 }
```

读者可以参考上述代码,根据需求完成其余三个方法:

```
setMenuStatusForSalesClerk();
setMenuStatusForWarehouseManager();
setMenuStatusForAdministrator();
```

(3)测试程序,保证正常运行,并导出生成可执行的应用程序。

## 第六部分　课时安排

第一阶段:教师讲解题目要求,学生观看视频自学(75 分钟)。

(1)学生先阅读第一部分至第四部分(20 分钟)。

(2)教师讲解需求,学生理解需求(10 分钟)。

(3)教师讲解 IDE 工具开发 GUI 的基本技巧,或组织学生观看视频(45 分钟)。

第二阶段:学生实现本阶段项目的设计与编码(90 分钟)。

(1)教师演示编写包和类,完成主窗口和登录窗口的制作(10 分钟)。

(2)学生参考教师的演示,练习完成主窗口和登录窗口的制作(35 分钟)。

(3)教师提示登录过程的需求,演示事件处理的基本方法(10 分钟)。

(4)学生根据提示,在教师指导下完成登录过程的其他功能(35 分钟)。

第三阶段:教师检查、点评学生作品(15 分钟)。

# 阶段性项目三 户外店货品购销存系统——功能分析与界面设计(二)

(建议课时:90 分钟×2)

## 第一部分 需求分析

继续完善绿葱茏户外店货品购销存系统软件,完善该软件界面及其事件处理,要具备的功能如下:

(1)从软件程序主窗口的菜单中可以启动相应的对话框窗口,来完成销售记录管理和库存管理。

(2)该软件可以对登录的用户名、密码和身份进行识别,不同的用户根据其操作权限给予不同的操作显示界面,如图 p3-1 所示,在下拉选择框中选择相应的身份登录,验证成功后会启用不同的菜单。

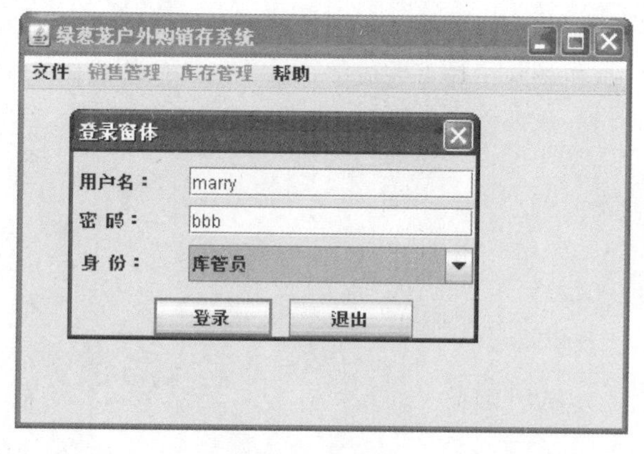


图 p3-1 登录窗体

(3)该软件具备对货品进行增、删、改、查的功能,不同的功能显示为一个单独的子面板,但它们有共同的父面板类,增、删、改、查库存四个界面的外观如图 p3-2 所示。

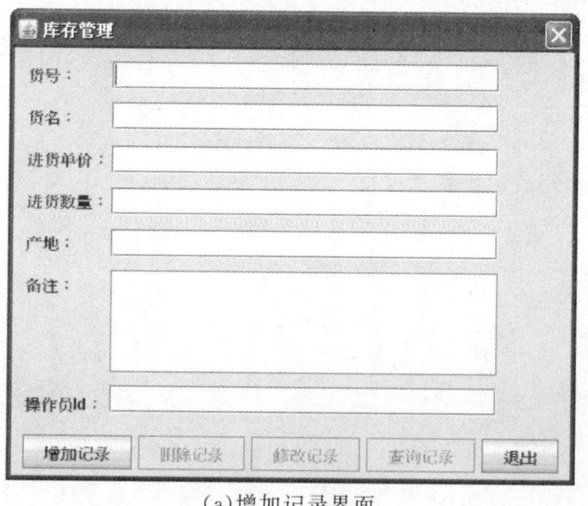


(a)增加记录界面

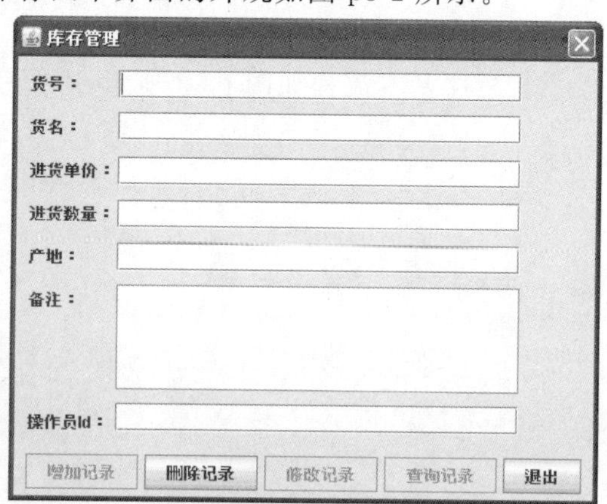


(b)删除记录界面

(c)修改记录界面　　　　(d)查询记录界面

图 p3-2　增、删、改、查库存四个界面的外观

对于销售对话框 SellRecordDialog,其增、删、改、查各功能界面与图 p3-2 类似。

## 第二部分　开发环境

系统平台:Windows 7

开发工具:Eclipse 3.5.2

插件工具:WindowBuilder 7.2

辅助工具:Visio 2003、JDK API Document

## 第三部分　技能目标

(1)熟练掌握并使用可视化 IDE 工具来开发基于 C/S 构架的 Java GUI 程序的方法。

(2)学会使用继承来开发并复用 GUI 组件。

(3)了解 OOP 中消息的传递机制。

(4)熟练掌握各种类型的事件处理。

## 第四部分　系统设计分析

(1)程序基本流程如图 p3-3 所示,本阶段完成 GUI 图形界面的创建,但不涉及数据库操作,因此在校验用户身份时可以自行设置假想值。

(2)系统 GUI 界面由如下类构成(参考图 p3-4):

➢ 按钮面板类的超类 BtnPanel 及其子类(InsertBtnPanel、DeleteBtnPanel、UpdateBtnPanel 和 QueryBtnPanel)用以产生增、删、改、查的功能界面。

➢ 信息显示界面超类 ShowPanel 及其子类(WarehouseShowPanel、SellRecordShowPanel)用以产生库存和销售两个信息显示界面。

➢"库存管理"对话框 WarehouseDialog,包括 WarehouseShowPanel 以及 BtnPanel 的某个子类,程序运行过程中显示哪个 BtnPanel 的子类界面由菜单命令决定。

➢"销售管理"对话框 SellRecordDialog,包括 SellRecordShowPanel 以及 BtnPanel 的某个子类,程序运行过程中显示哪个 BtnPanel 的子类界面由菜单命令决定。

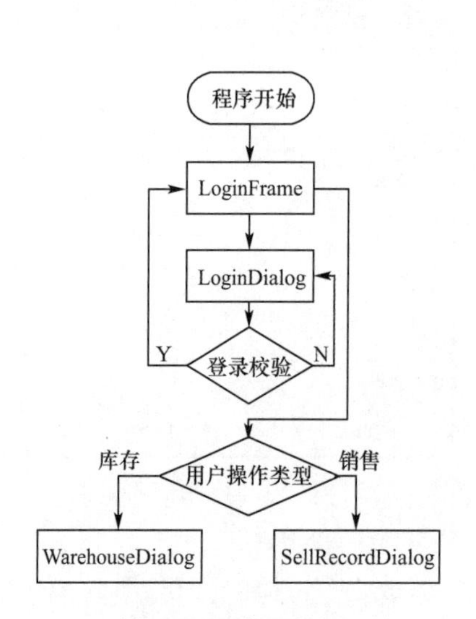


图 p3-3　程序基本流程

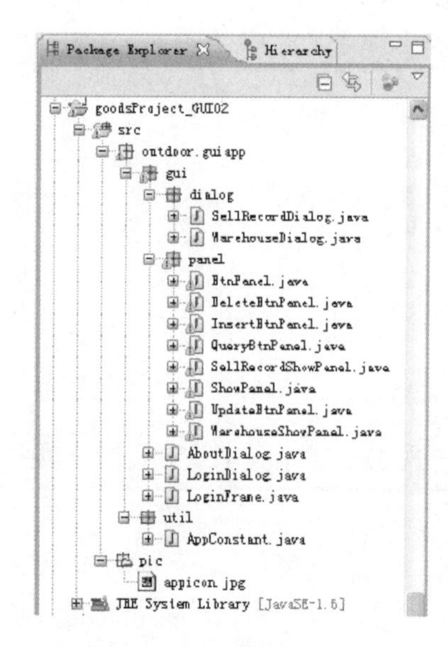


图 p3-4　系统 GUI 界面的构成

（3）根据要求制作按钮面板类的超类 BtnPanel，然后派生出四个子类，其界面如图 p3-5 所示。

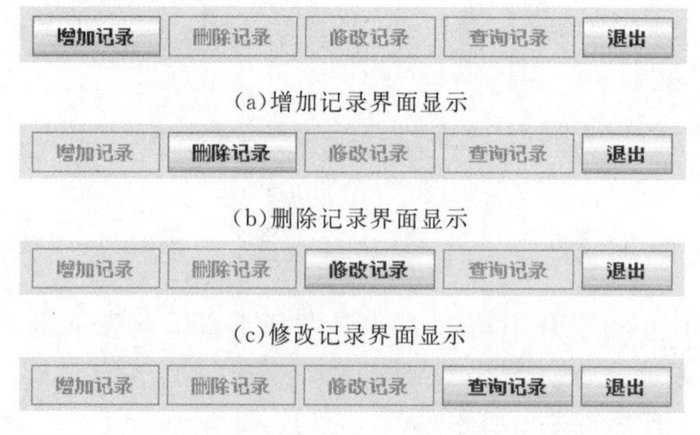


（a）增加记录界面显示

（b）删除记录界面显示

（c）修改记录界面显示

（d）查询记录界面显示

图 p3-5　四个子类界面

（4）根据要求制作信息显示面板类的超类 ShowPanel，然后派生出两个子类，其 WarehouseShowPanel 类界面如图 p3-6 所示。

货号：

货名：

进货单价：

进货数量：

产地：

备注：

操作员Id：

图 p3-6　WarehouseShowPanel 类界面

(5)库存管理面板 WarehouseShowPanel 结合增加记录面板 InsertBtnPanel 就组成了 WarehouseDialog 界面,其整体界面如图 p3-7 所示。

图 p3-7　WarehouseDialog 界面

SellRecordDialog 界面同 WarehouseDialog 界面,略。

图 p3-8 描述了本阶段销售记录管理功能中各个界面类之间的关系。

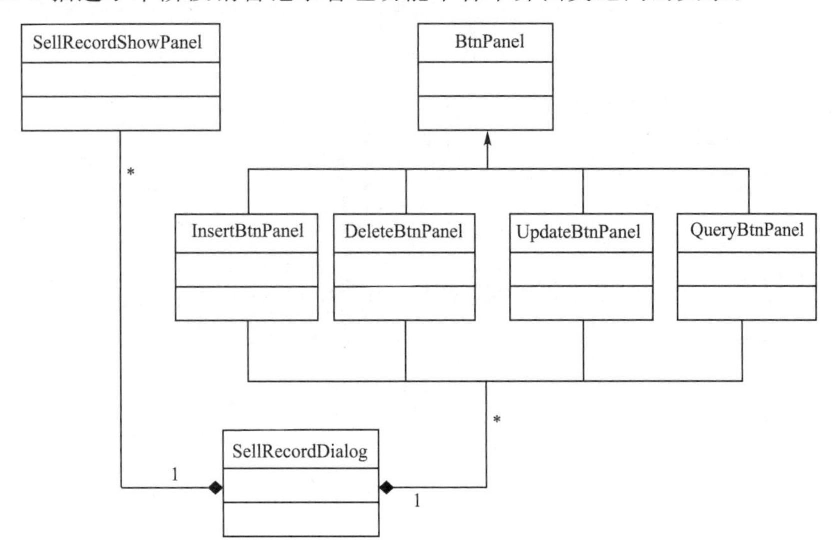


图 p3-8　销售记录管理功能中各界面类关系图

## 第五部分　推荐实现步骤

(1)创建工程,并创建包机制,包机制示例如图 p3-4 所示。

(2)参考已有代码,完成 SellRecordShowPanel 类界面。

其中:SellRecordDialog 由一个 SellRecordShowPanel 和一个 BtnPanel 的子类组合而成,可以参考图 p3-8。

ShowPanel 类源代码如下:

| 行号 | ShowPanel.java 程序代码 |
| --- | --- |

```
1   public class ShowPanel extends JPanel{
2       //在这里书写各个显示子面板的共同特性，例如界面风格、颜色和字体等
3       public ShowPanel(){}
4   }
```

SellRecordShowPanel 类继承了 ShowPanel 类，源代码如下：

| 行号 | SellRecordShowPanel.java 程序代码 |
| --- | --- |

```
1   public class SellRecordShowPanel extends ShowPanel {
2       private JTextField tfGoodsId;
3       private JTextField tfGoodsName;
4       private JTextField tfBuyPrice;
5       private JTextField tfBuyAmount;
6       private JTextArea taRemark;
7       private JComboBox cboUserId;
8       /**
9        * 构造方法
10       */
11      public SellRecordShowPanel() {
12      //构造代码略
13      }
14  }
```

WarehouseShowPanel 类源代码与 SellRecordShowPanel 类相类似，请参考完成。

(3)有了 ShowPanel，完整的 Dialog 还需要有 BtnPanel，它的代码如下：

| 行号 | BtnPanel.java 程序代码 |
| --- | --- |

```
1   /**
2    *通用按钮面板类，可以用于 SellRecordDialog 和 WarehouseDialog
3    */
4   public class BtnPanel extends JPanel {
5       public JButton btnInsert;
6       public JButton btnDelete;
7       public JButton btnUpdate;
8       public JButton btnQuery;
9       public JButton btnExit;
10      Window parentWindow;//使在按钮面板上的操作可以控制影响到父窗体
11      public BtnPanel(Window parentWindow) {
12          //super();
```

```
13          try {
14              initUI();
15          } catch (Exception e) {
16              //TODO Auto-generated catch block
17              e. printStackTrace();
18          }
19          this. parentWindow = parentWindow;
20      }
21      /* *
22      * 通用的初始化界面方法
23      */
24      private void initUI() throws Exception{
25          btnInsert = new JButton("增加记录");
26          add(btnInsert);
27          btnDelete = new JButton("删除记录");
28          add(btnDelete);
29          btnUpdate = new JButton("修改记录");
30          add(btnUpdate);
31          btnQuery = new JButton("查询记录");
32          add(btnQuery);
33          btnExit = new JButton("退出");
34          add(btnExit);
35          btnInsert. addActionListener(new Btn_actionAdapter(this));
36          btnDelete. addActionListener(new Btn_actionAdapter(this));
37          btnUpdate. addActionListener(new Btn_actionAdapter(this));
38          btnQuery. addActionListener(new Btn_actionAdapter(this));
39          btnExit. addActionListener(new Btn_actionAdapter(this));
40      }
41      /* 以下为适配器类调用的方法,通用类。
42      按钮触发时执行的代码,可以根据传入的父窗体的类型(SellRecordDialog 和
43      WarehouseDialog),触发的按钮的类型(增删改查)自动完成相应的功能 */
44      public void btn_actionPerformed(ActionEvent e){
45          //需要判断此 BtnPanel 用于哪个 Dialog?
46          if(this. parentWindow instanceof WarehouseDialog){
47              //如果是在 WarehouseDialog 内部,则启动库存管理功能
48              WarehouseShowPanel warehouseShowPanel=
49                ((WarehouseShowPanel)(((WarehouseDialog)(this. parentWindow)). showPanel));
50                //得到当前显示库存信息的主面板实例
51              if (e. getSource() == btnInsert) {//判断是否按下了插入按钮
52                  //执行插入操作,代码略
53              }
54              if(e. getSource() ==…){ …}//其他代码略
```

```
55              }
56              else if(this.parentWindow instanceof SellRecordDialog){
57              //如果是在 SellRecordDialog 内部,则启动销售管理功能
58              …//其他代码略
59              }
60          }
61  }
```

上面代码第 35 行~第 39 行中引用的 Btn_actionAdapter 类定义如下:

| 行号 | Btn_actionAdapter.java 程序代码 |
|---|---|

```
1   /**
2   * 为解决窗体之间传递引用类型的参数,设置一个适配器类
3   */
4   class Btn_actionAdapter implements ActionListener {
5       private BtnPanel adaptee;//以 LoginFrame 为内部属性对象
6       Btn_actionAdapter(BtnPanel adaptee) {
7           this.adaptee = adaptee;
8       }
9       public void actionPerformed(ActionEvent e) {
10          adaptee.btn_actionPerformed(e);
11          //调用 LoginFrame 类中的 menuFile_Login_actionPerformed(e)方法
12      }
13  }
```

BtnPanel 类的子类 InsertBtnPanel 的源代码如下:

| 行号 | InsertBtnPanel.java 程序代码 |
|---|---|

```
1   public class InsertBtnPanel extends BtnPanel {
2       public InsertBtnPanel(Window parentWindow) {
3           super(parentWindow);
4           btnInsert.setEnabled(true);//设置插入按钮可用
5           btnDelete.setEnabled(false);
6           btnUpdate.setEnabled(false);
7           btnQuery.setEnabled(false);
8           btnExit.setEnabled(true);
9       }
10  }
```

其他子类只要根据需要设置相应的按钮为可用即可,请读者自行完成。

(4)最后将一个 SellRecordShowPanel 和一个 BtnPanel 的子类组合成 SellRecordDialog,

代码如下：

| 行号 | SellRecordDialog.java 程序代码 |
| --- | --- |

```
1   public class SellRecordDialog extends JDialog {
2       public ShowPanel showPanel;
3       BtnPanel btnPanel;
4       int type;//用以决定这个对话框显示增、删、改和查之中的哪个界面内容
5       private final JPanel contentPanel = new JPanel();
6       /**
7        *带参数构造
8        */
9       public SellRecordDialog(JFrame owner, String title, boolean modal) {
10          super(owner, title, modal);
11      }
12      /**
13       * 自定义构造
14       */
15      public SellRecordDialog(int type) {
16          //super();
17          //this.type = type;
18          this(new JFrame(),"销售记录管理", false);//调用定义好的构造方法
19          showPanel=new SellRecordShowPanel();//以下代码添加对话框的两个面板
20          if(type==(AppConstant.DIALOG_INSERT)){
21              btnPanel=new InsertBtnPanel(this);
22          }
23          else if(type==(AppConstant.DIALOG_DELETE)){
24              btnPanel=new DeleteBtnPanel(this);
25          }
26          else if(type==(AppConstant.DIALOG_UPDATE)){
27              btnPanel=new UpdateBtnPanel(this);
28          }
29          else if(type==(AppConstant.DIALOG_QUERY)){
30              btnPanel=new QueryBtnPanel(this);
31          }
32          this.contentPanel.setLayout(new BorderLayout());
33          this.contentPanel.add(showPanel,BorderLayout.CENTER);
34          this.contentPanel.add(btnPanel,BorderLayout.SOUTH);
35          this.getContentPane().add(contentPanel,"Center");
36          this.setSize(450,300);
37      }
38  }
```

## 第六部分 课时安排

第一阶段：教师讲解题目要求并带领学生进行需求分析(75 分钟)。

(1)学生先阅读第一部分至第四部分(20 分钟)。

(2)教师讲解需求，学生理解需求(10 分钟)。

(3)教师讲解 IDE 工具开发 GUI 的技巧，或组织学生观看视频(45 分钟)。

第二阶段：学生实现项目的设计与编码(90 分钟)。

(1)教师讲解 BtnPanel 界面代码的设计过程，按钮面板类的超类 BtnPanel 及其子类(InsertBtnPanel、DeleteBtnPanel、UpdateBtnPanel 和 QueryBtnPanel)之间的继承和实现(10 分钟)。

(2)学生根据讲解界面的设计过程，模仿设计实现 BtnPanel 类及其子类。此阶段由教师给出部分源代码(20 分钟)。

(3)教师讲解 WarehouseShowPanel 界面的设计过程，面板类的超类 ShowPanel 及其子类 WarehouseShowPanel 之间的继承和实现(10 分钟)。

(4)学生模仿 WarehouseShowPanel，完成 SellRecordShowPanel 界面的设计过程，完成面板类的超类 ShowPanel 及其子类 SellRecordShowPanel(20 分钟)。

(5)教师讲解如何将 BtnPanel 及其子类与 WarehouseShowPanel 结合组成 WarehouseDialog 界面(10 分钟)。

(6)学生模仿设计 SellRecordDialog 界面，并测试运行(20 分钟)。

第三阶段：教师检查和点评学生作品(15 分钟)。

# 综合实训 户外店货品购销存系统——重构系统构架与完善

（建议课时：90 分钟×2）

## 第一部分 需求分析

完善绿葱茏户外店货品购销存系统软件，将该软件的系统架构重构以利于软件的整体升级与维护，并完善相关的用户界面功能，内容如下：

（1）阅读代码范例，在原有技术基础上，将此软件设计成三层架构，并设计完善所有类模块。

（2）在原有界面的基础上，完成所有 GUI 设计及其事件处理。

（3）当雇员在客户端进行增、删、改和查操作时，能实现对数据库的操作功能。

## 第二部分 开发环境

系统平台：Windows 7

数据库：SQL Server 2008

开发工具：Eclipse 3.5.2

插件工具：WindowBuilder 7.2

辅助工具：Visio 2003 和 JDK API Document

## 第三部分 技能目标

（1）了解软件开发过程中的各种开发文档。

（2）学会使用 Visio 制作程序 UML 图和流程图。

（3）理解三层架构的原理及实现。

（4）深入理解 OOP 中消息的传递机制。

（5）熟练掌握 Eclipse 下开发 GUI 应用程序的方法。

（6）熟练掌握 Eclipse 下操作数据库应用程序的方法。

（7）灵活掌握 Eclipse 开发和调试技巧。

## 第四部分 系统设计分析

（1）完整的系统流程图（请参考图 p3-3）

（2）重构系统构架为三层模式

**扩展**:MVC

MVC 是一种设计模式,现今被广泛地应用于网络应用程序中。它把应用程序的输入、处理和输出分开,将程序分解成三部分:模型、视图和控制器。其中,视图用于接收用户的输入和显示程序的结果,控制器将用户的操作映射到相应的命令,然后指示模型如何处理,而模型对指令进行处理,然后将数据显示到视图上。程序 MVC 架构图如图 p4-1 所示。

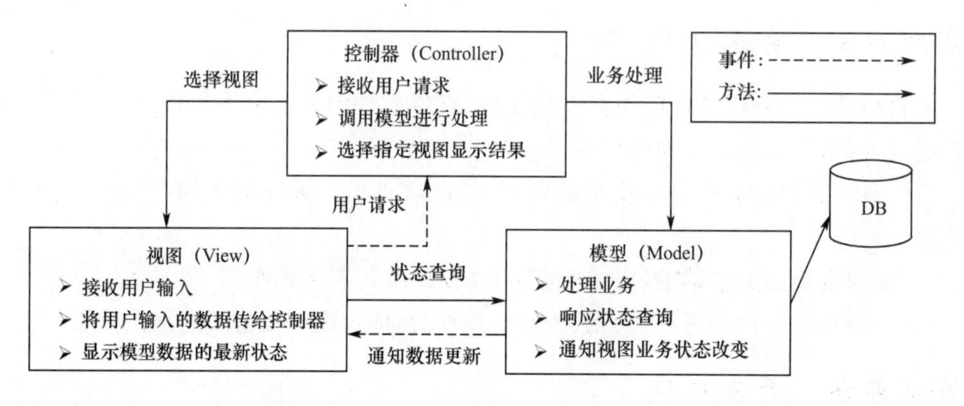


图 p4-1 程序 MVC 架构图

MVC 的主要优点是:将程序的显示、逻辑和数据分开。这样对程序一部分数据的修改不会影响到其他部分,这无疑降低了软件工程结构的复杂度和维护的难度,更利于团队开发。因此,软件项目越是复杂,使用 MVC 的好处就越明显。

值得提出的是,MVC 设计模式虽然优秀,但是它主要用于 B/S 架构和基于网络服务(Web Service)开发的 C/S 架构中,例如 spring 框架,还有我们学习过的 Swing 就是表示层技术采用 MVC 设计模式实现的一种组件。对于我们现在的 C/S(非网络服务项目)使用 MVC 设计模式有“牛刀杀鸡”的感觉,并不是特别适用,所以本教材中简化了这个设计模式,将整个工程简单地分为三层结构:界面层(UI)、业务逻辑层(BIZ)和模型层(DAO 和 DTO),这样就能很好地满足系统升级和维护性能的要求了,下面是本项目应用改造好的三层架构图,如图 p4-2 所示。

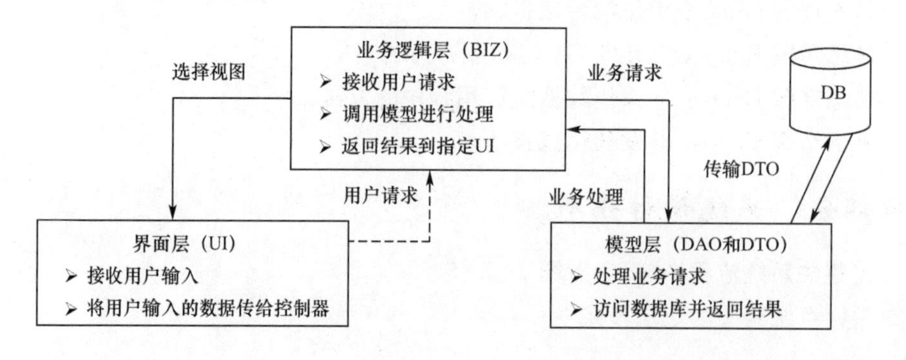


图 p4-2 系统三层架构图

我们将前面阶段性项目中制作好的GUI界面类放在界面层(UI)中,登录用户的校验和雇员的数据操作请求等功能放在新增加的业务逻辑层(BIZ)中,再新增一个模型层(DAO和DTO),其中DTO(数据传输对象)实现对数据库表的一一映射,DAO实现对数据库数据的增、删、改和查等数据操作,并把结果反馈给业务逻辑层(BIZ),业务逻辑层(BIZ)经过商业逻辑处理把结果再反馈给界面层(UI),最后由界面层(UI)负责显示。

(3)完整的工程类包图(如图p4-3所示)

为了使工程系统架构更加接近于MVC模式中面向接口编程部分的知识,本工程中加入了接口的概念,以使读者逐渐适应这种设计模式,为将来学习更高阶段的知识打下基础。在biz和dao包中创建的类都是接口,在它们的子包impl包中的才是真正的实现类。我们在进行系统分析和模块设计时,只要把精力集中在接口上的业务逻辑即可,这样使我们在模块设计阶段中注意力不至于过度分散。

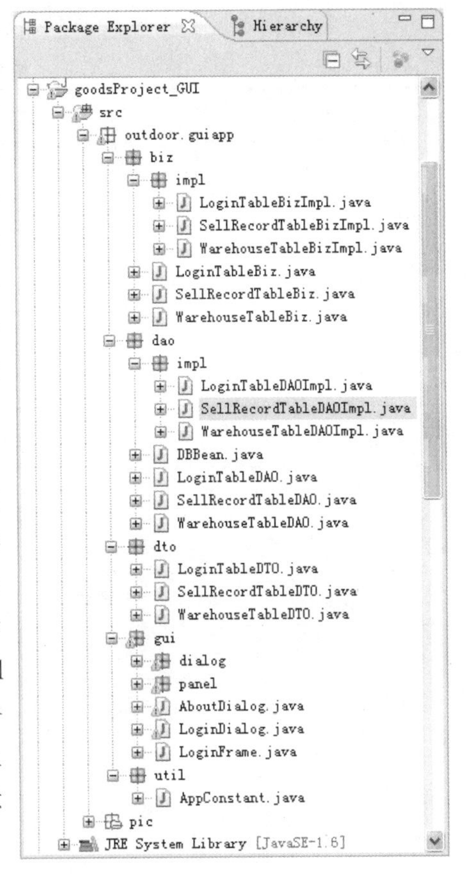


图p4-3　完整的工程类包图

**扩展**:系统设计中如何选择建模方式?

做完本阶段的需求分析与系统设计之后,可能有些读者会产生这样的疑问:在第一阶段性项目中,在项目的需求阶段采取了OOAD式的分析,以OO要求来组织需求、构架系统,然后抽象封装出想要的实体类WarehouseManager(仓库管理员)、SalesClerk(销售员)、Administrator(系统管理员)。但是在本阶段我们采取了完全不同的建模方式,以数据库为起点,围绕关系型数据库表来创建并封装实体类LoginTableDTO(登录表)、SellRecordTableDTO(销售记录表)、WarehouseTableDTO(库存管理表),然后开发相应的DAO和BIZ层,这称为"面向数据驱动建模"。那么两者有什么不同,如何取舍呢?

OOAD是目前比较流行的设计模式,而"面向数据驱动建模"是传统的设计模式。两者虽然实现方式不同,但是本质是一样的:都是基于数据的驱动。换言之,这两种建模都认为数据库与对象之间存在映射的关系,而且最终的目的都是把数据存储在外部存储设备的载体中,如文件或数据库表。作者认为,设计模式的选取主要取决于系统的复杂度。如果是简单的系统,"面向数据驱动建模"足以应对,如果是复杂的企业级系统,从无到有的系统设计阶段则一定要进行OOAD,从企业不稳定的需求中分析出稳定的企业对象,这样的系统要比传统的系统稳定得多。目前OOAD发展迅速,更深层次的Java技术广泛地采用了这种设计模式,这也是本书第一阶段性项目中重点介绍它的原因之一。

(4)外购销存系统数据库设计(数据表见表 p4-1～表 p4-3)

**表 p4-1　　雇员登录信息表**

| 表序号 | | 1 | 表名 | | LoginTable | | |
|---|---|---|---|---|---|---|---|
| 字段序号 | 字段名称 | 字段说明 | 字段类型 | 字段大小 | 是否主键 | 允许空 | 备注 |
| (1) | userId | 雇员 id 号 | int(自增) | 4 | PK | | 主键 |
| (2) | userName | 雇员名 | varchar | 50 | | | |
| (3) | password | 密码 | varchar | 50 | | | |
| (4) | userIdentity | 雇员身份 | int | 4 | | | 值为:1、2、3 |

**表 p4-2　　销售记录管理表**

| 表序号 | | 2 | 表名 | | SellRecordTable | | |
|---|---|---|---|---|---|---|---|
| 字段序号 | 字段名称 | 字段说明 | 字段类型 | 字段大小 | 是否主键 | 允许空 | 备注 |
| (1) | id | id 号 | int(自增) | 4 | PK | | 主键 |
| (2) | goodsId | 货号 | numeric | 20 | | | |
| (3) | goodsName | 货品名称 | varchar | 50 | | Y | |
| (4) | sellprice | 销售价格 | float | 8 | | Y | |
| (5) | sellAmount | 销售数量 | numeric | 20 | | Y | |
| (6) | remark | 备注 | varchar | 50 | | Y | |
| (7) | userId | 雇员 id 号 | int | 4 | | | 外键 |

**表 p4-3　　库存管理表**

| 表序号 | | 3 | 表名 | | WarehouseTable | | |
|---|---|---|---|---|---|---|---|
| 字段序号 | 字段名称 | 字段说明 | 字段类型 | 字段大小 | 是否主键 | 允许空 | 备注 |
| (1) | id | id 号 | int(自增) | 4 | PK | | 主键 |
| (2) | goodsId | 货号 | numeric | 20 | | | |
| (3) | goodsName | 货品名称 | varchar | 50 | | Y | |
| (4) | buyPrice | 入库价格 | float | 8 | | Y | |
| (5) | buyAmount | 入库数量 | numeric | 20 | | Y | |
| (6) | producingArea | 产地 | varchar | 50 | | Y | |
| (7) | remark | 备注 | varchar | 50 | | Y | |
| (8) | userId | 雇员 id 号 | int | 4 | | | 外键 |

三个表之间的关系图如图 p4-4 所示,userId 为各个表之间的关联键。

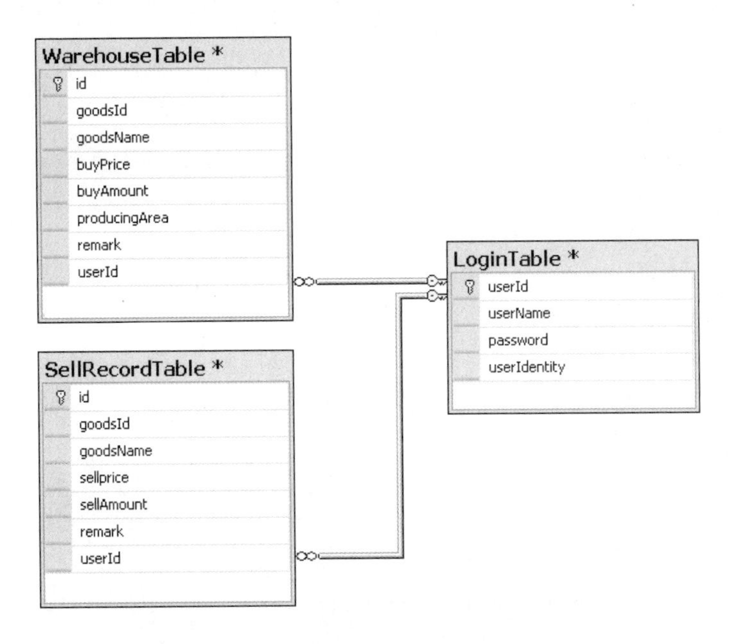


图 p4-4　关系图

(5)数据库操作的实现

以登录操作为例：

①首先，根据数据库表 LoginTable 实现相应的 DTO：LoginTableDTO，代码如下：

| 行号 | LoginTableDTO. java 程序代码 |
|---|---|

```
1   public class LoginTableDTO {
2       private Integer userId;//数据库产生的主键，不需要 setter 方法
3       private String userName;
4       private String password;
5       private Integer userIdentity;
6       public String getUserName() {
7           return userName;
8       }
9       public void setUserName(String userName) {
10          this. userName = userName;
11      }
12      //其他 setter 和 getter 方法…
13  }
```

②制作 DBBean，实现对数据库的连接，代码如下：

| 行号 | DBBean. java 程序代码 |
|---|---|

```
1   public class DBBean {
2       private static final String
```

```
3             DRIVER_CLASS="sun.jdbc.odbc.JdbcOdbcDriver";
4         private static final String DATASOURCE_NAME="goodsSource";
5         private static final String
6             DATASOURCE_URL="jdbc:odbc:"+DATASOURCE_NAME;
7         private static final String USERNAME="sa";
8         private static final String PASSWORD="123";
9         private Connection conn;
10        public DBBean() {
11            try {
12                Class.forName(DRIVER_CLASS);
13            } catch (ClassNotFoundException ex) {
14            }
15            try {
16                conn =
17            DriverManager.getConnection(DATASOURCE _URL,USERNAME,PASSWORD);
18            } catch (java.sql.SQLException e) {
19                System.out.println("exception: " + e.getMessage());
20            }
21        }
22        public Connection getConnection() {
23            return conn;
24        }
25        public void closeConnection(){
26            try {
27                conn.close();
28            } catch (SQLException ex) {
29            }
30        }
31    }
```

本例是使用 jdbc-odbc 桥驱动的实例，使用 JDBC type4 驱动的制作方法，请参考视频讲解。

③LoginTableDAO 接口与 LoginTableDAOImpl 实现类。

LoginTableDAO 接口代码如下，声明了对数据库表 LoginTable 的数据操作（主要是查询操作）。

**行号　　LoginTableDAO.java 程序代码**

```
1  public interface LoginTableDAO {
2      /*校验是否有此用户名和密码,同时校验其身份*/
```

```
3        public boolean validateUser(LoginTableDTO dto) ;
4        /* 根据用户名获取其身份,userName 有唯一约束 */
5        public int queryUserIdentity(String userName);
6        /* 根据用户对象的其他信息获取其身份 */
7        public int queryUserIdentity(LoginTableDTO dto);
8    }
```

LoginTableDAOImpl 实现类代码如下,对 LoginTableDAO 接口提供了具体实现。

| 行号 | **LoginTableDAOImpl.java 程序代码** |
|---|---|

```
1    public class LoginTableDAOImpl implements LoginTableDAO{
2        LoginTableDTO dto = new LoginTableDTO();
3        static Connection conn = null;
4        static Statement stmt = null;
5        static ResultSet rs = null;
6        static DBBean db = new DBBean();
7        @Override
8        public int queryUserIdentity(String userName) {
9            conn=db.getConnection();
10           int userIdentity=0;
11           try {
12               stmt = conn.createStatement();
13               String sql="Select userIdentity From LoginTable Where username='"+
14                       userName+"';";
15               rs=stmt.executeQuery(sql);
16               if(rs.next()){
17                   userIdentity=rs.getInt("userIdentity");
18               }
19               stmt.close();
20           } catch (SQLException ex) {
21           }
22           return userIdentity;
23       }
24       /* 根据需要完善内容 */
25       @Override
26       public int queryUserIdentity(LoginTableDTO dto) {
27           //TODO Auto-generated method stub
28           return 0;
29       }
30       @Override
31       public boolean validateUser(LoginTableDTO dto) {
```

```
32            boolean flag = false;
33            conn = db.getConnection();
34            try {
35                stmt = conn.createStatement();
36                rs = stmt.executeQuery("Select * from loginTable
37                    Where userName='" +dto.getUserName() + "' and " + "password='"+dto.
38                    getPassword() + "' and " + "userIdentity="+dto.getUserIdentity()+ ";");
39                if (rs.next()) {
40                    flag = true;
41                }
42                stmt.close();
43            } catch (SQLException ex1) {
44                ex1.printStackTrace();
45            }
46            return flag;
47        }
48    }
```

④LoginTableBiz 接口与 LoginTableBizImpl 实现类。

LoginTableBiz 接口代码如下，声明了对客户需求的具体操作。

| 行号 | LoginTableBiz.java 程序代码 |
|---|---|

```
1   public interface LoginTableBiz {
2       public boolean validate(LoginTableDTO dto);//校验用户名、密码、身份
3   }
```

LoginTableBizImpl 实现类代码如下，对 LoginTableBiz 接口提供了具体实现。

| 行号 | LoginTableBizImpl.java 程序代码 |
|---|---|

```
1   public class LoginTableBizImpl implements LoginTableBiz {
2       LoginTableDAO dao=new LoginTableDAOImpl(); //对 DAO 类的引用
3       @Override
4       public boolean validate(LoginTableDTO dto) {
5           boolean valid=false;
6           String userName=dto.getUserName();
7           if(dao.queryUserIdentity(userName)==1){//判断用户身份
8               System.out.println("LoginTableBizImpl-->---您是销售员---");
9               if(dao.validateUser(dto)){//判断是否有此用户名和密码，同时校验其身份
10                  System.out.println("LoginTableBizImpl-->---身份验证成功！---");
11                  valid=true;
12              }
```

```
13              else{
14                  System.out.println("LoginTableBizImpl-->---身份验证失败！---");
15              }
16          }else if(dao.queryUserIdentity(userName)==2){
17              System.out.println("LoginTableBizImpl-->---您是库管员---");
18              if(dao.validateUser(dto)){//判断是否有此用户名和密码,同时校验其身份
19                  System.out.println("LoginTableBizImpl-->---身份验证成功！---");
20                  valid=true;
21              }
22              else{
23                  System.out.println("LoginTableBizImpl-->---身份验证失败！---");
24              }
25          }
26          else if(dao.queryUserIdentity(userName)==3){
27              System.out.println("LoginTableBizImpl-->---您是系统管理员---");
28              if(dao.validateUser(dto)){//判断是否有此用户名和密码,同时校验其身份
29                  System.out.println("LoginTableBizImpl-->---身份验证成功！---");
30                  valid=true;
31              }
32              else{
33                  System.out.println("LoginTableBizImpl-->---身份验证失败！---");
34              }
35          }
36          else{
37              System.out.println("LoginTableBizImpl-->---身份验证错误！---");
38          }
39          return valid;
40      }
41  }
```

(5)最后,在UI层中实现对BIZ方法结果的调用,例如在LoginDialog中调用LoginTableBizImpl类对象,见代码第1行。

**行号　　LoginDialog.java程序代码**

```
1  if(biz.validate(dto)){//如果校验成功
2      parentFrame.dispose();//首先关闭原来的父窗体
3      AppConstant.currentUserStatus=identityStrToInt(identity_str);
4  //设置当前用户身份到全局变量
5      LoginFrame loginFrame=new LoginFrame();//再新建一个LoginFrame窗体
6          loginFrame.setVisible(true);//窗体设为可见
7      setVisible(false); //原窗体设为隐藏
```

```
8   }else {//如果校验失败
9       System.out.println("LoginDialog--->用户校验错误！重新输入");
10  }
```

## 第五部分　推荐实现步骤

(1)分析需求,书写需求分析报告。

(2)学习三层架构模式,完成系统设计说明书。

(3)参考范例代码,在阶段性项目三中已有的包机制基础上,完善MVC构架下的流程图设计和类模块设计。

(4)创建数据库及三个表LoginTable、WarehouseTable和SellRecordTable。

(5)参考已有代码,完善三个DTO类(LoginTableDTO.java、WarehouseTableDTO.java和SellRecordTableDTO.java)。

(6)参考已有代码,完善三个DAO类(LoginTableDAO.java、WarehouseTableDAO.java和SellRecordTableDAO.java),以及Bean(DBBean.java)的数据库操作的功能。

(7)完善三个BIZ类(Bussiness类)的逻辑功能。

(8)完善事件处理及校验功能。

(9)完成各种项目开发文档。

(10)书写实训报告。

(11)答辩。

## 第六部分　课时安排

第一阶段:教师讲解项目需求,分发需求分析报告模板,讲解需求分析思路(4学时)。

第二阶段:教师讲解三层架构模式,演示创建三层架构模式,分发系统设计说明书(4学时)。

第三阶段:教师讲解使用Visio制作程序UML图和流程图的过程(1学时)。

第四阶段:学生制作程序UML图和流程图,并在教师的指导下完成系统设计说明书(3学时)。

第五阶段:教师讲解如何创建及保存数据库和表,以及建立DTO类模块的过程(2学时)。

第六阶段:在教师指导下,学生阅读代码范例,并实现项目的模块设计(4学时)。

第七阶段:学生编码(10学时)。

第八阶段:学生完成项目开发文档和实训报告(8学时)。

第九阶段:教师点评学生作品、答辩(4学时)。

# 参 考 文 献


[1] 明日科技.Java 从入门到精通(实例版)[M].5 版.北京:清华大学出版社,2019.

[2] (美)Bruce Eckel.Java 编程思想[M].4 版.北京:机械工业出版社,2007.

[3] (美)Joshua Bloch.Effective Java 中文版[M].3 版.北京:机械工业出版社,2018.

[4] 李刚.疯狂 Java 讲义[M].4 版.北京:电子工业出版社,2018.

[5] 明日科技.Eclipse 应用开发完全手册[M].北京:人民邮电出版社,2007.

[6] Cay S. Horstmann,Gary Cornell. Java 核心技术(卷 1):基础知识[M].北京:机械工业出版社,2014.

[7] (美)Herbert Schildt. Java 8 编程参考官方教程[M].9 版.北京:清华大学出版社,2015.

[8] 林萍.Java 高级编程项目化教程[M].北京:清华大学出版社,2015.

[9] 耿祥义.Java 程序设计精编教程[M].北京:清华大学出版社,2010.

# 附录一 使用JavaDoc工具制作开发文档

在这里，我们将会学到：

- JavaDoc 工具的使用意义
- JavaDoc 的部分参数命令
- JavaDoc 应用实例

Java 的注释有三种：

(1)单行注释：使用//注释语句。

(2)多行注释：使用/*　　*/注释语句。

(3)JavaDoc 注释：使用/**　　*/注释语句，其中注释的内容可以使用 JavaDoc 工具生成 API 文档，这里重点探讨一下 JavaDoc 注释。

通常这种注释的多行写法如下：

```
/**
 * .........
 * .........
 */
```

那么 JavaDoc 又是什么？有什么用呢？

## 1.1　Java API Document 与 JavaDoc 工具

我们都知道 Java 开发时，最好的帮助信息就来自 SUN 发布的 Java API Document，当一个工程大到需要由大量程序员团队协作开发时，一个问题就产生了：为了让其他程序员看得懂自己的代码，程序员往往需要将自己的代码加上注释，或者书写一定规格的 API 文档供其他人阅读和参考，而 API 文档的格式不统一造成了阅读上的困难。好在 SUN 提供的 JavaDoc 工具解决了这一问题，使得 API 文档格式得到了形式上的统一。它分包、分类详细地提供了各方法、属性的帮助信息，具有详细的类树信息、索引信息等，并提供了许多相关类之间的关系，如继承、实现接口、引用等。在 SUN 的站点上可以下载 Java API Document。

利用 JDK 中的 JavaDoc 工具，我们可以快速将 JavaDoc 注释生成 Java API Document。

另外，Java 文档全是由一些 HTML 文件组织起来的，它可以运行在任何安装有浏览器的计算机上。

JDK 安装目录下的 demo 包中包含了很多示例文件，如果你仔细对比一下这些文件的源代码注释，你会发现. java 源文件中的文档注释（/ * * ... * /）和 Java API Document 的内容是一样的。原来，Java API Document 是来自这些注释。那么是如何把这些注释变成 API 文档的呢？使用 JavaDoc 工具就可以做到。

在 JDK 的 bin 目录下你可以找到 JavaDoc. exe，使用它编译. java 源文件时，它会读出. java 源文件中的文档注释，并按照一定的规则与 Java 源程序一起进行编译，生成 Java API Document。

javaDoc 的命令行语法如下：

JavaDoc [ options ] [ packagenames ] [ sourcefiles ] [ @files ]

JavaDoc 命令的选项参数有很多，如：

-help　　显示帮助信息
-public　　仅显示 public 类和成员
-protected　　显示 protected/public 类和成员（缺省）
-package　　显示 package/protected/public 类和成员
-private　　显示所有类和成员
-d＜directory＞　　输出文件的目标目录
-version　　包含@version 段
-author　　包含@author 段
-splitindex　　将索引分为每个字母对应一个文件
-windowtitle ＜text＞　　文档的浏览器窗口标题
……

例如，下面的命令格式：

JavaDoc [-d 文档存放目录] [-author] [-version] [-private] 源文件名.java

这条命令可以将作者、版本号等信息，以及类的所有私有属性成员信息一并编译到指定目录下的 Java API Document 中。

方括号[]表示选项可以省略。生成的文档存放在[-d 文档存放目录]参数指定的目录下，如果不指定目录就生成在源文件所在的当前目录，其中 index. html 就是文档的首页。

例如，有程序代码 HelloWorld. java。

| 行号 | HelloWorld. java 程序代码 |
|---|---|

```
1  /**
2  * <p>Title:这是标题 </p>
3  * <p>Description:这是描述</p>
4  * <p>Copyright: Copyright (c) 2008 版权信息</p>
5  * <p>Company:公司名 </p>
6  * @author chiyong 制作
7  * @version 1.0
8  */
9  public class HelloWorld
10 {
```

```
11        /** 消息属性,是私有成员 */
12        private static String message="Welcome!";
13        /**
14         * getMessage 方法的简述.
15         * <p> getMessage 方法的详细说明第一行<br>
16         * getMessage 方法的详细说明第二行
17         * @return 返回 message 属性字符串
18         */
19        public static String getMessage(){
20            return message;
21        }
22        /** 主方法 */
23        public static void main(String args[]){
24            System.out.println("Hello,your message is :"+getMessage());
25        }
26    }
```

下面的命令将把该源文件编译成 Java API Document 存放在 C:\myapi 目录中：

```
>JavaDoc -d C:\myapi -private -author -version HelloWorld.java
```

## 1.2 Java API Document 的格式

在详细介绍 JavaDoc 的编译命令之前,让我们先了解一下文档注释内部的一些细节问题。

1. 文档和文档注释的格式化

所谓文档的“格式化”,就是对文档的外观格式(如字体样式、位置等)根据特定需要进行设置。

JavaDoc 生成的文档是 HTML 格式,而这些 HTML 格式的标识符并不是 JavaDoc 内部固有的格式,而是我们在写注释的时候写上去的。比如,需要换行时,不是敲入一个回车符,而是写入 <br>,如果要分段,就应该在段前写入 <p>。

因此,格式化文档,就是在文档注释中添加相应的 HTML 标识。

```
/**
* <p>Title:这是标题 </p>
* <p>Description:这是描述</p>
* <p>Copyright: Copyright (c) 2008 版权信息</p>
* <p>Company:公司名 </p>
*/
```

编译输出后的 HTML 源码则是：

Title:这是标题

Description:这是描述

Copyright：Copyright (c) 2008 版权信息

Company：公司名

前导的 * 号允许连续使用多个，其效果和使用一个 * 号一样，但多个 * 号前不能有其他字符分隔，否则分隔符及后面的 * 号都将作为文档的内容。 * 号在这里是作为左边界使用。

还有一点需要说明，文档注释只说明紧接其后的类、属性或者方法。如下例：

```
/** 对类的文档注释 */
public class HelloWorld
{
    /** 对成员属性的文档注释 */
    private String message;
    /** 对成员方法的文档注释 */
    public void showMessage() { ...... }
    ......
}
```

上例中的三处注释就是分别对类、属性和方法的文档注释。它们生成的文档分别是说明紧接其后的类、属性和方法的。"紧接"二字尤其重要，如果忽略了这一点，就很可能造成生成的文档错误，例如：

下例为正确的例子：

```
import java.util.*;
/** 对类的文档注释 */
public class HelloWorld
{
    ......
}
```

上面的示例，文档注释将生成正确的文档。但若改变其中两行的位置，变成下例就会出错：

```
/** 对类的文档注释 */
import java.util.*;
public class HelloWorld
{
    ......
}
```

此例为错误的例子，import 语句和文档注释部分交换了位置，由于文档注释只能说明其后紧接的类、属性和方法，import 语句不在此列，所以这个文档注释将被当作错误说明省略掉。

2. 文档注释的三部分

根据在文档中显示的效果，文档注释分为三部分（注意①②③不是文档注释的内容），举例如下：

```
/**
* getMessage 方法的简述. ①
* <p> getMessage 方法的详细说明第一行<br>②
* getMessage 方法的详细说明第二行
* @return 返回 message 属性字符串 ③
*/
```

第①部分是简述，它是 Java API Document 列表中属性名或者方法名后面那段说明文字，如图 f1-1 中被框选的部分：

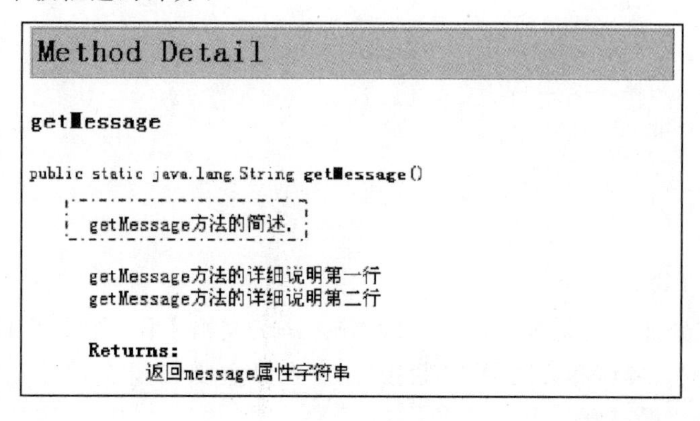


图 f1-1 “简述”显示

简述部分写在一段文档注释的最前面，第一个点号（.）之前（包括点号）。换言之，就是用第一个点号分隔文档注释，之前是简述，之后是第二部分和第三部分。如上例中的“* getMessage 方法的简述.”(注意点号)。

第②部分是详细说明部分。该部分对属性或者方法进行详细的说明，在格式上没有什么特殊的要求，可以包含若干个点号。

第③部分是特殊说明部分。这部分包括版本说明、参数说明、返回值说明等。

除了@return 之外，还有其他的一些特殊标记，分别用于对类、属性和方法的说明，请参考下面的内容。

3. JavaDoc 标记

JavaDoc 标记用于标识代码中的特殊引用。JavaDoc 标记由“@”及其后所跟的标记类型和专用注释引用组成，这三个部分是：@、标记类型、专用注释引用。

常用 JavaDoc 标记见表 f1-1。

**表 f1-1　　常用 JavaDoc 标记**

| 标记 | 作用位置 | 作用说明 |
|---|---|---|
| @author | 对类的说明 | 标明开发该类模块的作者 |
| @version | 对类的说明 | 标明该类模块的版本 |
| @see | 对类、属性、方法的说明 | 参考转向，也就是相关主题 |
| @param | 对方法的说明 | 对方法中某参数的说明 |
| @return | 对方法的说明 | 对方法返回值的说明 |
| @exception | 对方法的说明 | 对方法可能抛出的异常进行说明 |

下面详细说明各标记。

(1)@see 标记

@see 的书写格式有三种：

@see 类名

@see#方法名或属性名

@see 类名#方法名或属性名

例如，将下面的内容加入 JavaDoc 注释中：

```
/**
 * @see#message
 * @see#getMessage()
 * @see#main(String[])
 */
```

编译后结果 JavaDoc 文档如图 f1-2 所示，见框选部分。

```
public class HelloWorld
extends java.lang.Object

Title:这是标题

Description: 这是描述

Copyright: Copyright (c) 2008 版权信息

Company:公司名

See Also:
    message, getMessage(), main(String[])
```

图 f1-2　编译后结果显示

(2)@author、@version 标记

这两个标记分别用于指明类的作者和版本。缺省情况下 JavaDoc 将其忽略，但命令行开关 -author 和 -version 可以修改这个功能，使其包含的信息被输出。这两个标记的句法如下：

@author 作者名

@version 版本号

示例略。

(3)@param、@return 和 @exception 标记

这三个标记都只是用于方法的。@param 描述方法的参数，@return 描述方法的返回值，@exception 描述方法可能抛出的异常。它们的书写格式如下：

@param 参数名参数说明

@return 返回值说明

@exception 异常类名说明

每一个@param 只能描述方法的一个参数，所以，如果方法需要多个参数，就需要多次使用@param 来描述。

一个方法中只能用一个@return，如果文档说明中列了多个@return，则 JavaDoc 编译时会发出警告，且只有第一个@return 在生成的文档中有效，示例请参考 HelloWorld.java 程序，效果如图 f1-1 所示。

方法可能抛出的异常应当用 @exception 描述。由于一个方法可能抛出多个异常，所以可以有多个@exception，示例如图 f1-3 所示。

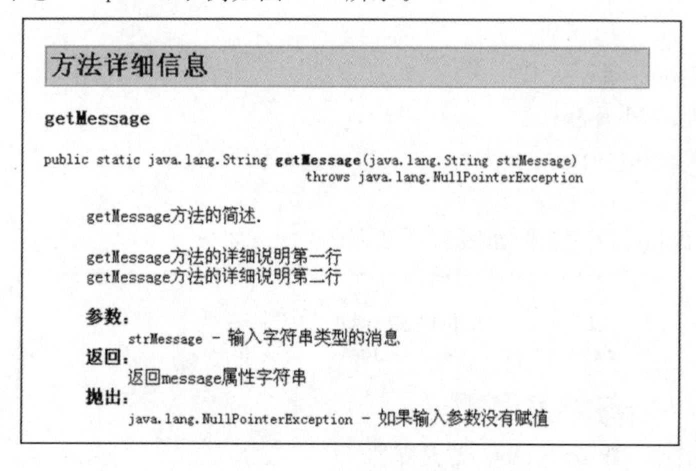


图 f1-3 程序运行结果示例显示

以上为使用中文版 JDK 1.5 编译后的结果。

# 附录二 Java开发工具的使用

在这里，我们将会学到：

➢ Java 开发工具的种类

➢ 使用 EditPlus 开发 Java 程序

➢ 使用 JCreator 开发 Java 程序

## 2.1 Java 开发工具的种类

Java 的开发工具可以分为：

(1)JDK＋文本编辑器

如 Windows 记事本、写字板或通用文本编辑器(EditPlus 或 UltraEdit 等)。

(2)JDK＋IDE 工具

如 JCreator、Gel、JAWA 或 JPAD 等。

(3)可视化的 IDE 开发工具(“快速开发工具”)

如 Borland 公司的 JBuilder、IBM 公司的 Visual Age for Java 和 Eclipse、Sun 公司的 NetBeans、Sun Java Studio Creator 和企业级开发工具 Sun Java Studio Enterprise(简称 JSC 和 JSE)、微软公司的 VJ＋＋、JetBrains 和 S. R. O. 公司的 IntelliJ IDEA 等。

下面，针对前两种开发工具进行讲解。现阶段，笔者不赞成 Java 初学者使用可视化的 IDE 工具进行开发，因为 Java 语言的复杂性，使得可视化 Java IDE 开发工具的操作并不像其他语言的开发工具(如 VB、VC)那样简单易用，需要操作者对 Java 语言有一定程度的理解。强行使用这些工具不仅不利于我们学习 Java 语法，反而会使开发效率降低，建议读者在充分理解本书的内容后，再寻找相应的介绍 Java 可视化 IDE 开发工具的书籍深入学习。

## 2.2 使用 JDK＋EditPlus 开发 Java 程序

### 2.2.1 Application 开发过程

以经典的 Hello world 应用程序为例。

```
public class MyApplication
{
    public static void main(String args[])
    {
```

```
        System. out. println("Hello world!");
    }
}
```

1. 运行方法

步骤一：使用文本编辑器编辑此源文件，存盘文件名为 MyApplication. java。

步骤二：配置 path 和 classpath 环境变量。

步骤三：编译文件。

单击“开始”菜单下的“运行”菜单，在对话框中输入 cmd 命令启动控制台，用 cd 命令进入源文件所在目录，在 DOS 提示符下输入如下命令：

DOS 提示符> javac MyApplication. java

将编译成字节码文件 MyApplication. class

步骤四：解释执行。

在 DOS 提示符下输入命令：

DOS 提示符>java MyApplication

会得到显示信息：Hello world!。

2. 使用 EditPlus 文本编辑器编辑 Application

下面，针对运行方法中的步骤一介绍 EditPlus 文本编辑器的具体使用。

EditPlus 的安装文件很小，只有几百 KB，但是功能却十分强大，我们可以从网上下载并安装它。EditPlus 的使用很简单，我们可以像操作 Windows 的写字板一样操作它，其界面如图 f2-1 所示。

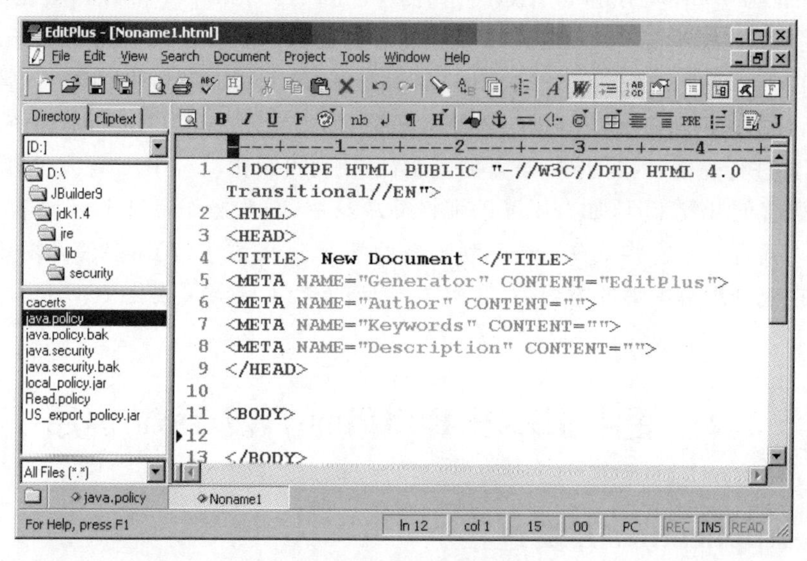


图 f2-1 EditPlus 界面

从界面可以看出，EditPlus 可以同时启动并编辑多个文档，并且支持多种文档格式，它的文字可以调整大小、颜色和样式，文本对齐格式也可以调整，特别是针对不同的语言（如 Java、C/C++等）可以用不同的语法来调节不同的字体加以显示。当然 EditPlus 也支持集成式的开发环境（在“Tools\Configure User Tools”菜单），但是笔者这里不推荐使用这部分功能，因为后面本书会介绍到 JCreator 的使用，它是一个更方便的 IDE 开发工具。在这里我们介绍 EditPlus 的目的只是为配合 JDK 环境变量的使用，让初学者能更好地从底层理解 Java 语言的开发过程。

下面，我们讲述一部分 EditPlus 中常用的应用。

(1)新建 Java Application 源文档 MyApplication. java

单击“File\New”菜单，选择“Java”文档格式，新建一个 Java 源文档，如图 f2-2 所示。

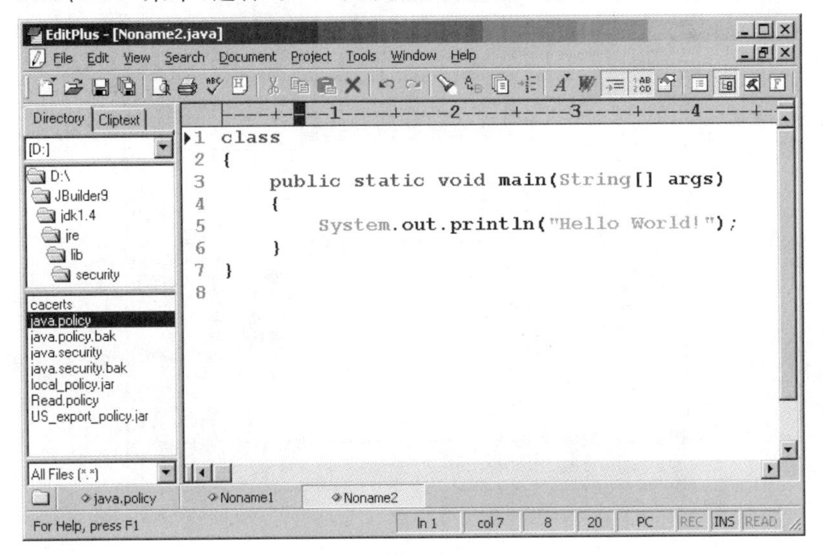


图 f2-2　新建 Java 源文档

此模板中已经包含了 Application 的源代码模型，在此界面中完善代码，然后保存文档，在弹出的“另存为”对话框中，输入要保存的文件名 MyApplication，然后保存即可。

(2)调整字体

单击“Tools\Preferences”菜单，在左侧的“Categories”列表中选择“Fonts”“Colors”就可以调整字体了，如图 f2-3 所示。

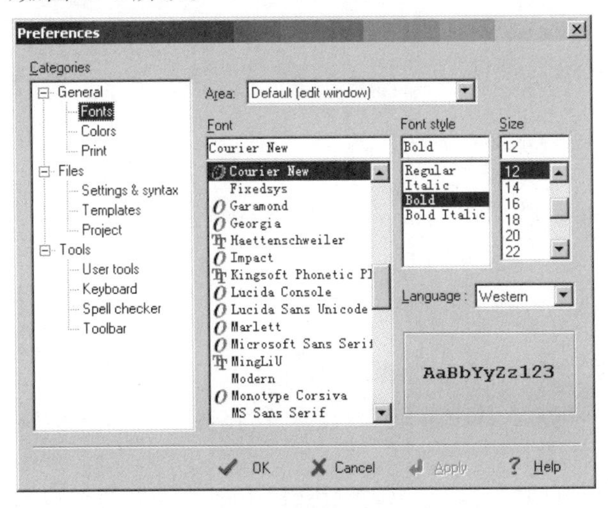


图 f2-3　调整字体界面

(3)调整语法字体格式

单击“Tools\Preferences”菜单,在左侧的“Categories”列表中选择“Settings & syntax”,先选择“File types”列表中的“Java”,然后选择右下方的“Syntax colors”选项卡就可以调整各种语法字体的颜色(如关键字、预定义类、行注释、块注释和引用的颜色)。如果选择“Settings and syntax”选项卡就可以调整 Word-Wrap(字体换行)、Tab/indent(制表位、缩进的格式和大小)等,如图 f2-4 所示。

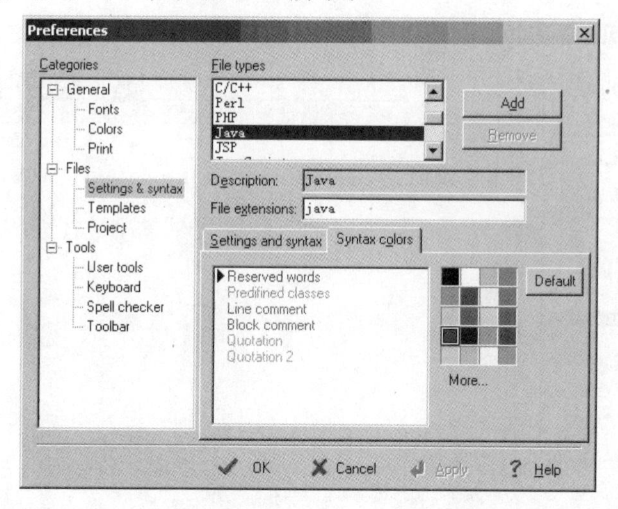


图 f2-4 参数设置

因为 EditPlus 与 Word 等文本编辑器的功能很类似,因此其他的功能就不一一介绍了,大家可以自行试验。

## 2.2.2 Java Applet 开发过程

以最简单的 Helloworld Applet 程序为例:

```
import java.applet.*;
import java.awt.*;
public class MyApplet extends Applet
{
    public void paint(Graphics g)
    {
        g.drawString("Hello, I am Applet!",10,20);
    }
}
```

1. 运行方法

步骤一:使用文本编辑器编辑此源文件,存盘文件名为 MyApplet.java。

步骤二:配置 classpath 环境变量。

步骤三:编译文件。

单击“开始”菜单下的“运行”菜单,在对话框中输入 cmd 命令启动控制台,用 cd 命令进入源文件所在目录,在 DOS 提示符下输入如下命令:

DOS 提示符> javac MyApplet.java

将编译成字节码文件 MyApplet.class。

步骤四：在浏览器中解释执行。

因为 Applet 是在浏览器中以 HTML 文件的一部分的形式来运行的，因此需要一个包含它的 HTML 文件，格式为：

```
<HTML>
    <applet code="MyApplet.class" width=300 height=200>
    </applet>
</HTML>
```

用文本编辑器编辑它，将文件存盘到字节码文件所在的目录，命名为 my.html，然后运行 my.html，就会在浏览器中看到显示信息：Hello，I am Applet！。

使用 AppletViewer.exe 工具也可以运行 HTML 文档。AppletViewer.exe 工具在 JDK 安装目录下的 bin 目录里，运行格式为：

DOS 提示符> appletviewer my.html

2. 使用 EditPlus 文本编辑器编辑 Applet

下面，针对运行方法中的步骤一、步骤四，介绍使用 EditPlus 文本编辑器编辑 Applet 源文件和 HTML 文件的方法。

使用 EditPlus 编辑 Applet 源文件的方法与编辑 Application 相同，需要注意的是，Applet 类都是公有类，前面需要加 public，保存文件名为 MyApplet.java，如图 f2-5 所示。

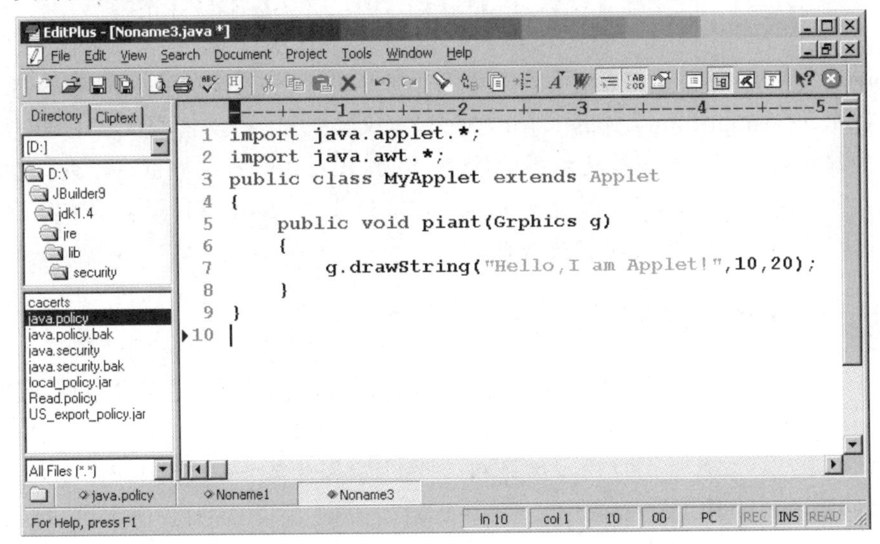


图 f2-5 使用 EditPlus 编辑 Applet 源文件

使用 EditPlus 编辑 HTML 文件方法如下：

单击“File\New”菜单，选择“HTML”文档格式，新建一个超文本文档。注意，HTML 文档并不是对语法严格校验的语言，因此 HTML 文档的标记大部分都可以省略，最简单的写法如图 f2-6 所示，<applet>标记可以放在文档任意的位置。此 HTML 文档保存文件名可以任意，假设为 my.html，在浏览器中运行此文件即可。

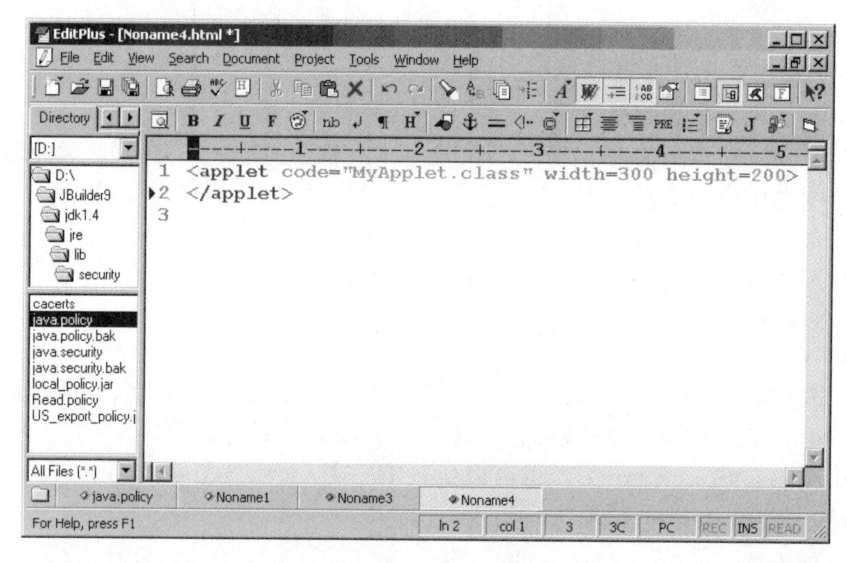


图 f2-6 HTML 文档

**注意**：把 my.html 文件与前面保存的 MyApplet.java 文件编译生成的 MyApplet.class 字节码文件保存在同一目录下。

# 2.3 使用 JDK+JCreator 开发 Java 程序

JCreator 是 Xinox 公司开发的一款十分优秀的 IDE 开发工具，常用的 JCreator 3.50 pro 版本支持 Java Application、Applet、JSP、XML 等文档的开发，功能强大。它与 JBuilder 等工具的区别就在于没有可视化编程的能力，但是 JCreator 的优势也在于此，它更短小精悍，占用更少的系统资源，因此更适合 Java 初学者使用。下面就介绍一些使用 JCreator 开发 Java 应用的方法和技巧。

## 2.3.1 JCreator 的安装过程

JCreator 3.50 pro 安装软件包只有 3.6 MB，可以从网上下载，它是共享商业软件，需要注册才能使用，没有经过注册的只有 30 天的免费使用期。

JCreator 是一款集成式的 Java 编译和运行工具，因此需要先安装 JDK。JDK 安装完毕后（最好将 Java API Document 也下载并复制到 JDK 目录，后面我们会讲述到这部分内容），再启动 JCreator 安装程序，全部选默认值安装，其中安装目录可任意选择，假设为 D:\Program Files\Xinox Software\JCreatorV3。

安装完毕后，会有“JCreator Setup Wizard”对话框提示选择文件关联类型，如图 f2-7 所示，这里选默认值，单击【Next】按钮，提示选择默认的 JDK 安装主目录，系统会自动搜索出 JDK 目录的位置，如图 f2-8 所示，如果您的机器安装有多个 JDK，可以选择一个，但是笔者不赞成在同一系统中安装多个版本的 JDK，因为这样可能会出现版本互相干扰的错误。

图 f2-7 选择文件关联类型提示

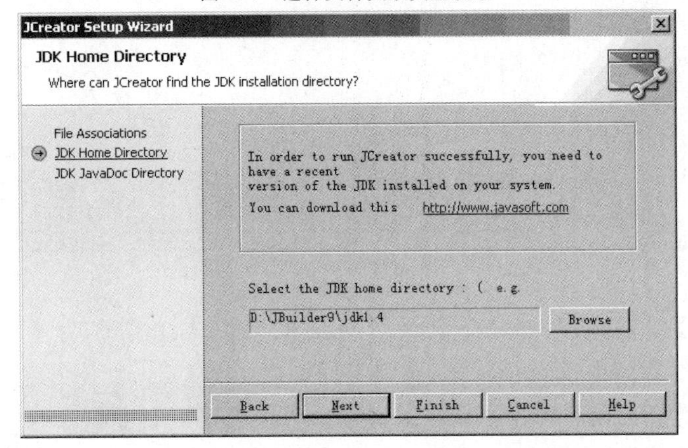


图 f2-8 JDK安装主目录选择提示

单击【Next】按钮，提示选择默认的JavaDocs安装主目录，如图f2-9所示。通常JDK在安装时没有附加Java API Document，这里需要在JDK主目录下自行创建一个docs\api目录，然后将Java API Document拷贝至此目录中，这样在JCreator中就可以使用F1键启动帮助文档。这部分内容将在“JCreator使用技巧”一节中介绍。

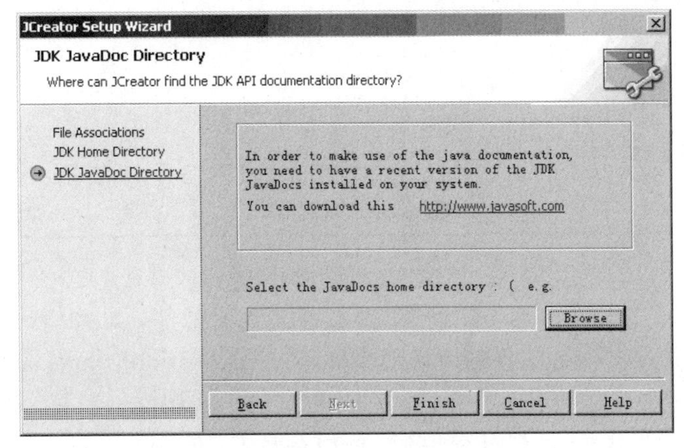


图 f2-9 JavaDocs安装主目录提示

## 2.3.2 开发 Java Application 程序

以之前的 HelloWorld 应用程序为例，说明一下 JCreator 的开发过程。

选择“File”菜单下的“Project”菜单命令，在“Project Template”对话框中选择“Basic Java Application”工程类型模板，如图 f2-10 所示。

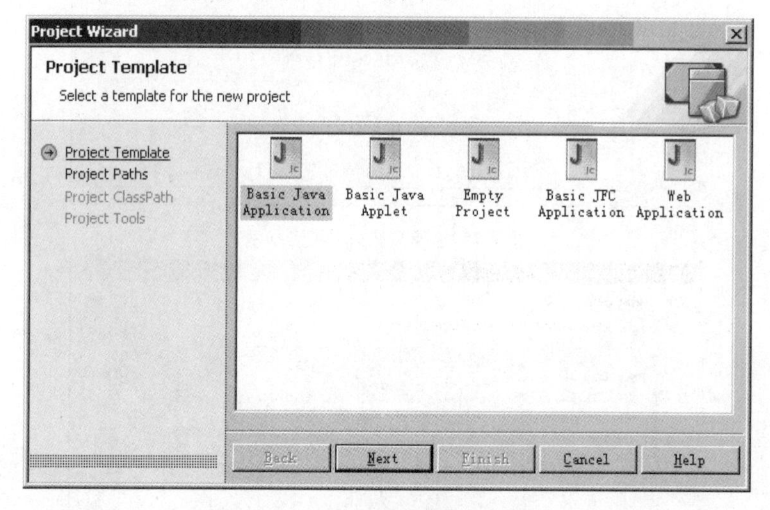


图 f2-10 工程模板对话框

单击【Next】按钮，在“Project Paths”对话框中填入工程名为 MyApplication，如图 f2-11 所示。然后其他都选择默认，直到工程创建完毕。

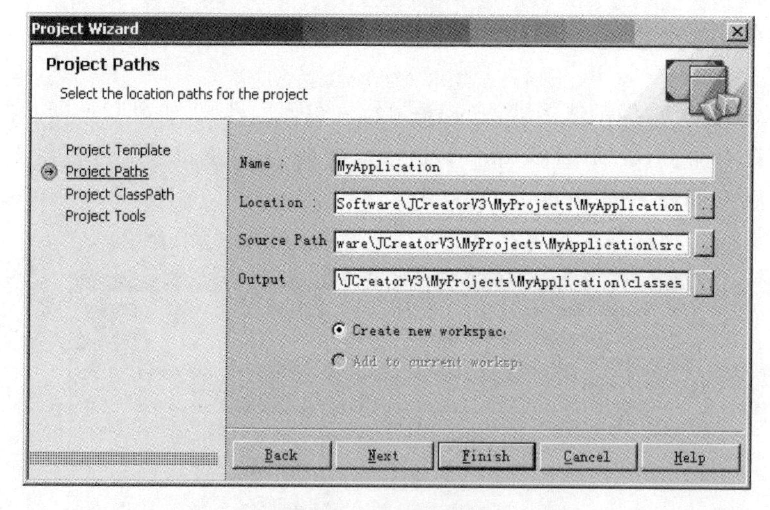


图 f2-11 工程创建对话框

新创建的 MyApplication 工程默认有两个源文件，如图 f2-12 所示。其中 MyApplication. java 文件为工程的主启动文件，MyApplicationFrame. java 文件是实现具体窗口功能的文件，在这里 JCreator 已经创建好了一个示例窗口。

在“Standard”工具栏中有四个按钮，它们分别是：Execute（运行）、Debug（调试）、Compile File（编译文件）、Compile Project（编译工程），如图 f2-13 所示。

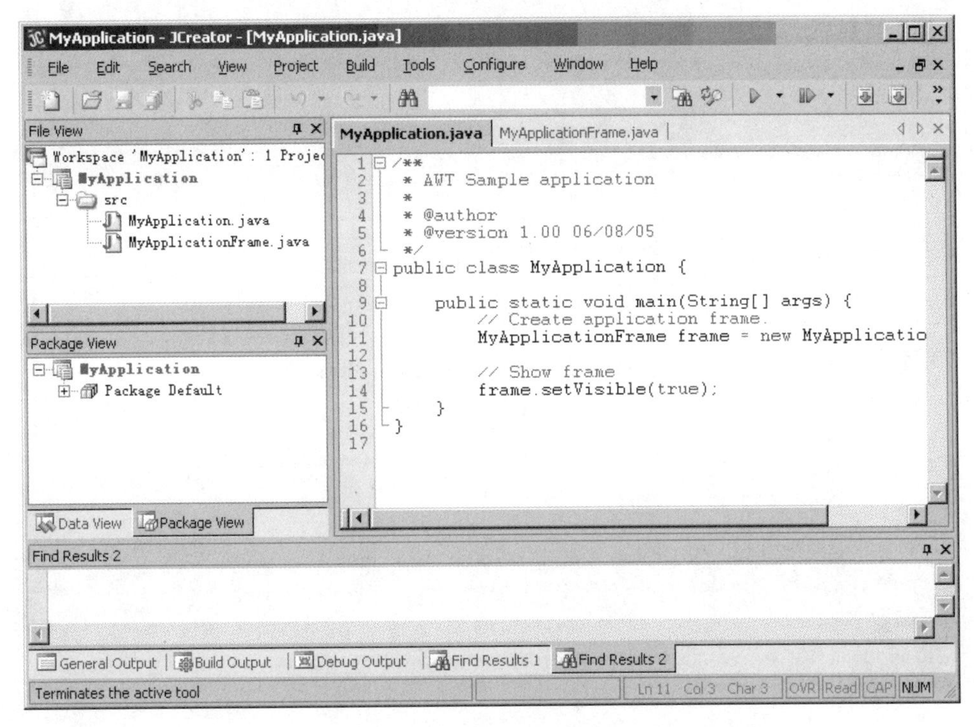


图 f2-12 新创建工程示例窗口

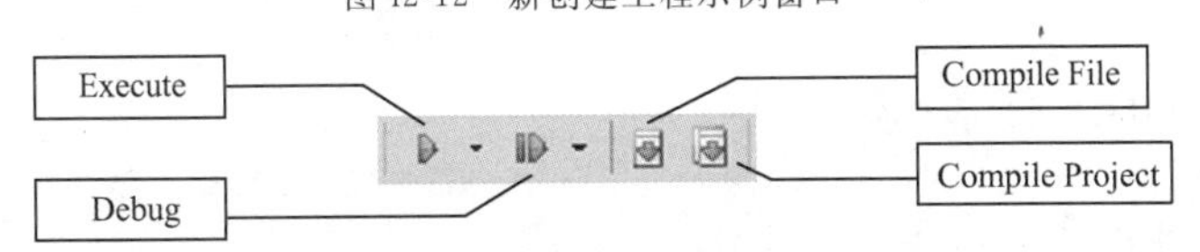


图 f2-13 工具栏按钮说明

单击“Compile Project”按钮编译整个工程，再单击“Execute”按钮运行这个工程，就能看到结果。

如果想运行自己的代码，可以将代码拷贝进 MyApplication. java 文件，注意把类名改成与文件名一致（虽然非 public 类的类名可以不与文件名同名，但是为了工程命名符合规范，应尽量使类名与文件名一致），然后编译，运行即可。

## 2.3.3 开发 Java Applet 程序

开发 Applet 工程与开发 Application 类似，在图 f2-10 中选择“Basic Java Applet”工程即可，工程名需要与 Applet 类名相同，因为 Applet 类是 public 的，因此类名、文件名、工程名都应保持一致。新建 Applet 工程后工程默认有两个文件，如图 f2-14 所示。其中，MyApplet. htm 文件是包含 Applet 的 HTML 文件，MyApplet. java 文件为工程的 Applet 类源文件，在这里 JCreator 已经创建好了一个用来显示字符串“Welcome to Java!!”的 Applet 示例。

单击“Compile Project”按钮编译整个工程，再单击“Execute”按钮运行工程，就能看到结果。

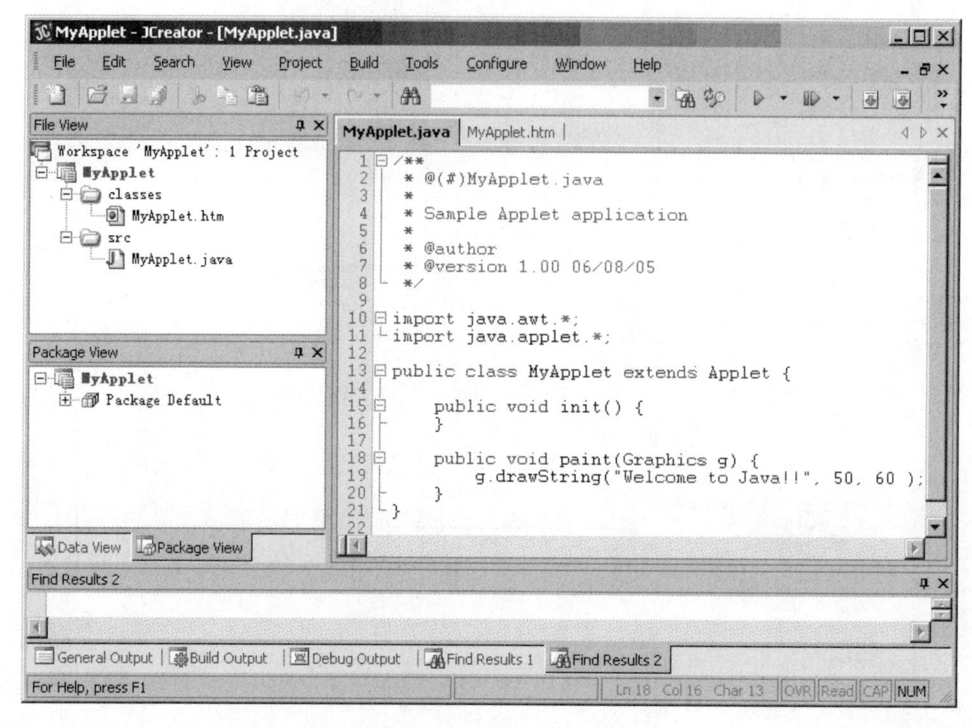


图 f2-14 新建 Applet 工程界面

## 2.3.4 JCreator 使用技巧

1. JCreator 常用开发技巧

(1)什么是 WorkSpace(工作空间)、Project(工程)和 File(文件),以及在工程间如何切换?

一个 WorkSpace 可以包含多个 Project,一个 Project 可以包含多个 File,但是笔者不赞成在一个 WorkSpace 里同时创建多个 Project,因为它们的一些文件往往都处于同一目录中,极易造成混淆。如果确实需要同时建立多个 Project,为了编译和运行指定的工程,激活相应工程的方法是:在“File View”窗口中单击要激活的工程名,然后在弹出的菜单中选择“Set As Active Project”命令即可。

(2)从工程中删除不使用的文件

不使用的文件可以从工程中删除,方法是在“File View”窗口中单击要删除的文件,在弹出式菜单中选择“Delete”命令即可。

(3)恢复 JCreator 界面中“File View”或“Package View”等子窗口

有时,我们会误把 JCreator 界面中“File View”“Package View”“Find Result”等子窗口关闭或拖曳出来,使其无法显示或回到原位。

重新显示的方法是:在“View”菜单中选择相应的菜单命令即可,其中“Find Result”子窗口菜单命令在“Other Windows”多级菜单中。

让拖曳出来的窗口快速回到原位的方法是:在错位的子窗口的标题栏上双击鼠标。

(4)错误代码的定位

快速定位错误代码的方法是：编译完毕后若出现错误，在“Find Result”子窗口“Build Output”子选项卡中选择相应的错误信息，用鼠标双击信息即可定位错误代码所在的行。

(5)重新配置 JDK 变量

当系统中安装有多个 JDK 或因为安装顺序有误而无法启用 JDK 时，需要重新选择定位 JDK 目录的位置时，让 JCreator 也能识别新选择的 JDK。

方法是：在“Configure”菜单中选择“Options”，在打开的对话框中选择“JDK Profiles”选项，然后在右侧的 JDK 版本信息，单击【Edit】按钮修改，如图 f2-15 所示。

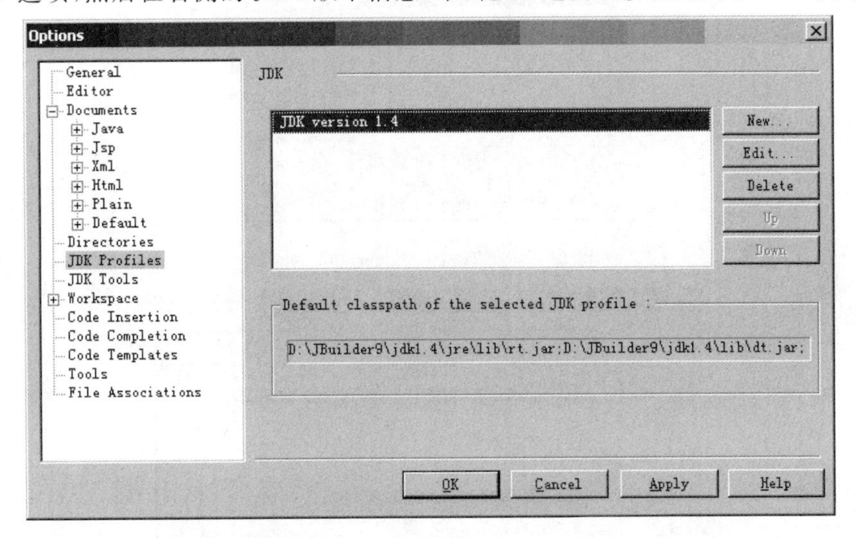


图 f2-15　修改 JDK 目录的位置

在弹出的“JDK Profile”对话框中单击“Home path”后面的按钮即可，如图 f2-16 所示，JDK 包中的类库会自动引入，它们的信息显示在图 f2-15 对话框中的标签里。

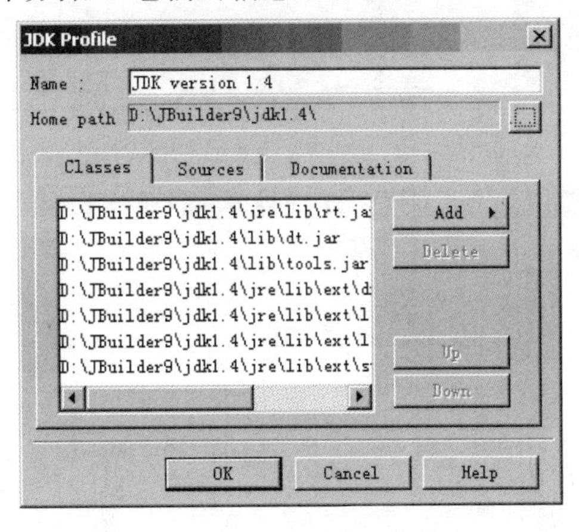


图 f2-16　引入 JDK 包中的类库

(6)在 JCreator 中配置运行时控制台参数

有时运行一些需要在控制台上输入参数的程序(如异常处理部分的习题)，在 JCreator 中配置的方法是：

选择“Build”菜单下的“Runtime Configuration”命令，在打开的对话框中选择“Default”，再单击“Edit”按钮，如图 f2-17 所示。在打开的对话框的当前选项卡中选择“Default”，再单击“Edit”按钮，如图 f2-18 所示。在弹出的“Tool Configuration：Run Application”对话框中的“Parameters”选项卡里选中“Prompt for main method argument”复选框，如图 f2-19 所示。当再次运行此程序时，就会有提示输入主方法控制台参数的对话框，如图 f2-20 所示。

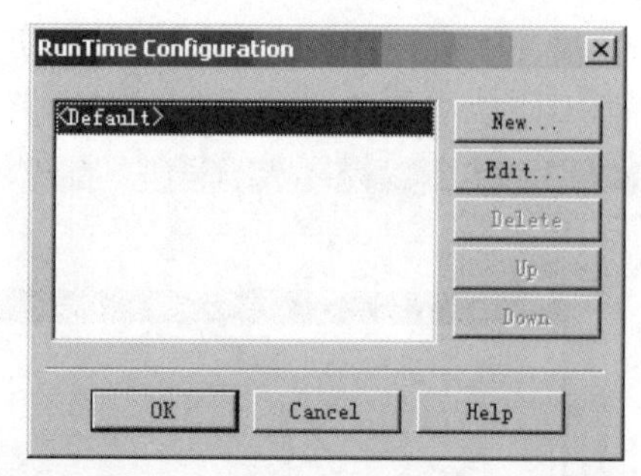


图 f2-17 “RunTime Configuration”对话框

Set RunTime Configuration
Label <Default>
Run : MyApplet.htm -- D:\Program Files\Xinox Software\
Main (
Run Application | Run Applet | Run Debugger
<Default>
New...
Copy...
Edit...
Delete
OK Cancel Help

图 f2-18 “Set RunTime Configuration”对话框

Tool Configuration : Run Application
Name : <Default>
Command | Parameters
Parameters -classpath "$[ClassPath]" $[JavaClass]
Main
Use class-pat
Prompt for main method argum
Show additional run-time
OK Cancel Help

图 f2-19 “Tool Configuration：Run Application”对话框

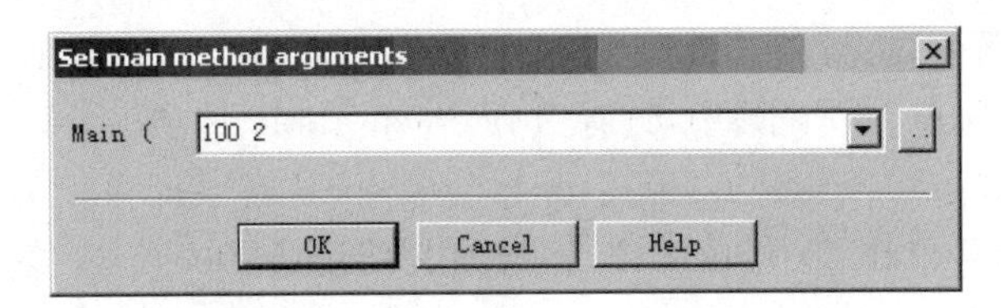


图 f2-20 “Set main method arguments”对话框

如果想保留原来的 Default 运行时的环境配置，再新建一个运行时环境，只要单击“Runtime Configuration”对话框中的【New】按钮即可，其他配置如前所述。

(7)如何在 JCreator 中使用 Ctrl+F1 键触发 JDK API Document 帮助系统

在很多的可视化 IDE 中有使用 F1 键呼唤帮助系统的功能(如 VB、VC、JBuilder 等)，当选中需要查询语法的文字后，按 F1 键即可，非常方便快捷。那么 JCreator 是否也有这种能力呢，答案是肯定的。需要注意的是，JCreator 呼唤 API 帮助使用的是 Ctrl+F1 键。

因为 JCreator 短小精悍，自身的安装包里不包含 JDK API Document 帮助系统，所以需要先从网上下载 JDK API Document，大家可以从 Sun 的网站上寻找下载链接点，如图 f2-21 所示。

图 f2-21 寻找下载链接点界面

下载的帮助文档有两种格式：一种是网站形式存储的，有 Index.html 文件；另一种是 chm 格式的文件。JCreator 中只能识别前一种帮助文件。

在 JDK 安装目录(如：C:\Program Files\Java\j2sdk1.5.0\)中，新建 docs 目录，在 docs 目录中再新建 api 目录，然后将帮助文档拷贝到此目录中(如果是 jdk1.5 API Document，已经自行创建了 docs\api 目录，无须另建)。下面需要将此帮助系统的目录映射到 JCreator 中。

映射的方法有两种：一种是本书在前面介绍的，在安装 JDK 时，有一步需要选择“JavaDoc home”，如图 f2-9 所示，在这一步中选中“C:\Program Files\Java\j2sdk1.5.0\docs\api”目录即可。另外一种是由于在安装 JDK 时并没有选择，启动 JCreator 之后再选择安装，方法是在“Configure”菜单中选择“Options”，在打开的对话框中选择“JDK

Profiles”选项，然后在右侧单击“Edit”按钮修改，如图 f2-15 所示。在弹出的“JDK Profile”对话框(如图 f2-16 所示)中，选择“Documentation”选项卡，单击“Add”按钮，在对话框中选择“C:\Program Files\Java\j2sdk1.5.0\docs”目录即可。又假设如下示例，当前 JDK 1.4 的安装目录在“D:\jdk1.4”，将帮助文档目录“docs\api”复制到“D:\jdk1.4”下，然后单击“Add”按钮，如图 f2-22 所示，在对话框中选择“D:\jdk1.4\docs”即可(注意：不是“D:\jdk1.4\docs\api”目录，两者的显示结果不一样，大家可以自行观察区别)。用鼠标选中一个方法，按下 Ctrl+F1 键试试效果吧。

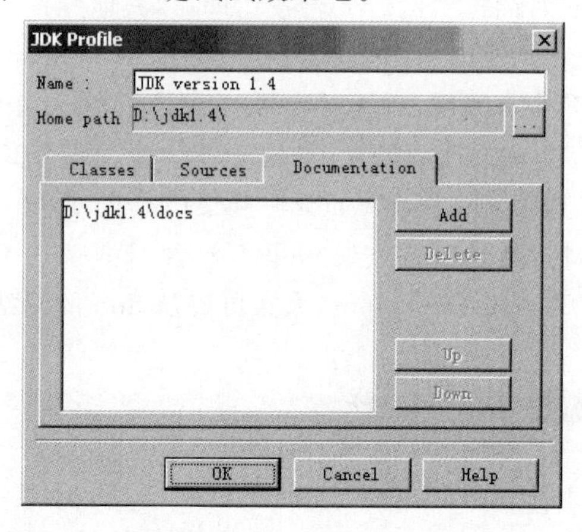


图 f2-22 “JDK Profile”对话框

(8)快速生成程序语法格式的技巧

大多数的程序语法总有一些固定的组合，Java 里最常见的就是 try{}catch(Exception e){}了。异常处理在 Java 语言中应用广泛，语法格式却只有这么一种，利用下面的方法可以快速生成这样的语法片段。

在想写 try 的时候按一下组合键 Ctrl+E，可以看到弹出一个选择框，它包括了以下一些模块的自动生成：JavaDoc、comment、while、for、switch、System.out.println 等。选择 tryc 就可以快速建立 try{}catch(Exception e){}语法代码模板了。

还有一种方法就是先输入 tryc，然后按 Tab 键即可。

也可以重新定义这些语法代码模板格式，选择“Configure”菜单下的“Option”菜单命令，在对话框左侧选择“Code Templates”，修改右侧的代码模板就可以了。如若修改“System.out.println”的语法代码模板格式为“System.out.println(" ");”，只需选中 out，然后在对话框右下侧输入相应的内容即可，如图 f2-23 所示。

(9)设定快捷键

在 JCreator 中，F7、F5、Ctrl+F5 快捷键分别对应“编译工程”“运行”“调试”功能。可是 JCreator 没有为“Compile File”配置默认的快捷键，如果想为某些功能自定义快捷键，可参照以下方法：

选择“Configure”菜单中的“Customize”菜单命令，在打开的对话框中选择“Keyboard”选项卡。然后按顺序选择：在“Category”中选择“Build”，然后在“Commands”中选择“Compile File”，接着把光标移至“Press New Shortcut”下面的文本框，输入想设定的快捷键，选定后单击右边的【Assign】按钮，如图 f2-24 所示。

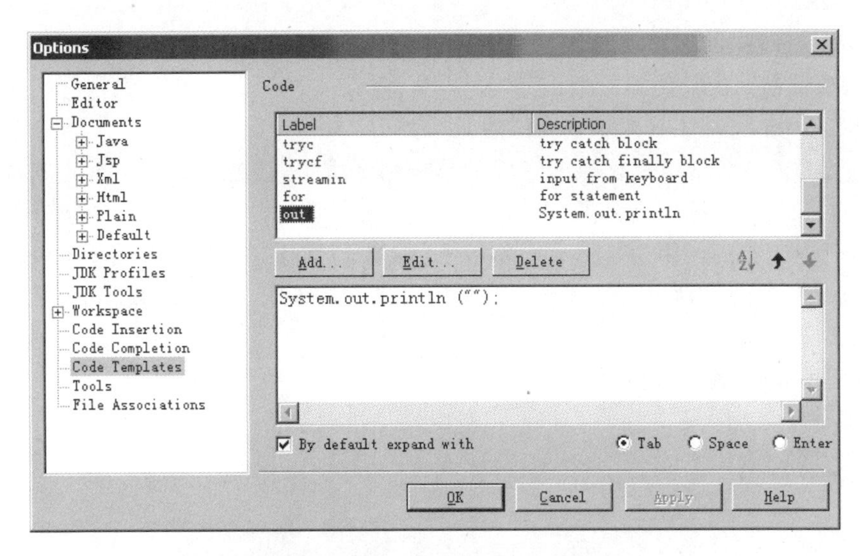


图 f2-23 修改语法代码模板格式对话框

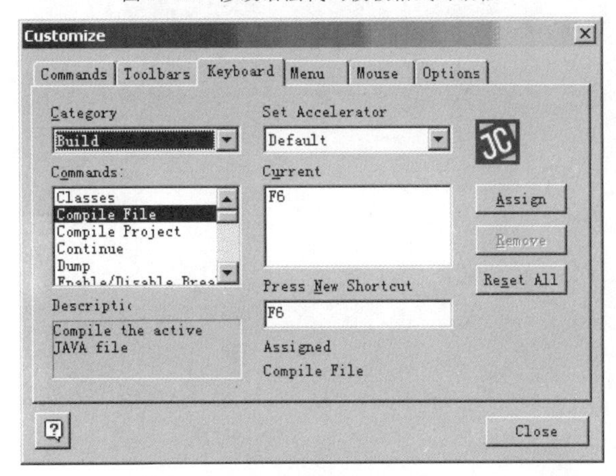


图 f2-24 设置快捷键对话框

JCreator会保证当前所设定的快捷键是唯一的，有冲突会出现报告，如果显示"UnAssigned"则未设定。

2. JCreator操作注意事项和常见错误纠正

(1)在JCreator中创建工程的必要性

如果不创建工程而直接创建文件的话，就不能启用运行时环境配置功能，如技巧(6)部分的功能。

(2)字体的显示问题

如果在JCreator代码窗口中输入汉字，有时会显示成乱码，这是因为汉字是双字节字符，如果从汉字的中间截断就会造成汉字显示混乱，在JCreator 3.5版本中已经可以很好地支持汉字显示，只要在编码时注意不截断汉字就可以了。

(3)安装多个JDK版本造成的干扰错误

这是个不容易排除的错误，通常发生在对Java语言有一定基础的学习者身上，由于追求更新的JDK功能，在一个系统上安装了多个版本的JDK。但是，这很容易造成版本的干扰错误。解决的方法就是删除多余版本的 JDK，然后重新设定 JDK 安装目录。设定的方法参照前面的技巧(5)。

(4)关于 jdb. exe 工具的单步调试功能

很羡慕 VB、VC 等可视化 IDE 工具的单步调试功能，遗憾的是，JCreator 不具备这样的功能，它只能使用 JDK 提供的 jdb. exe 工具来实现调试。jdb 工具的部分功能详见附录四 jdb 开发工具的使用。若不小心单击了【Debug】按钮，可以在“Debug Output”窗口中输入“exit”或“quit”命令来结束调试。我们可以在后面 IDE 工具 JBuilder 中学习到方便的单步调试功能。

(5)一些常见的错误提示信息

详细内容参考附录三 Java 编译与运行时常见错误解析。

# 附录三 Java编译与运行时常见错误解析

在这里，我们将会学到：

➢ Java 程序开发过程中遇到的各类常见错误信息及其解释

Java 开发常见问题及解决

➲错误信息提示 1：

在控制台中运行> javac HelloWorld.java

得到信息：

```
javac:Command not found
```

原因：包含 javac 编译器的路径变量设置不正确。

解释：javac 编译器放在 JDK 下的 bin 目录中。编写 Java 程序的机器一定要先安装 JDK，安装完成后要正确设置 PATH 环境变量，例如：C:\JDK1.5\bin，这样系统才能找到 javac 和 java 所在的目录。

➲错误信息提示 2：

设置了 PATH 环境变量后，在控制台中运行。

当前路径\> javac HelloWorld.java

信息提示：

```
error: cannot read: HelloWorld.java
1 error
```

原因：在当前路径下没有 HelloWorld.java 文件。

解释：使用 cd 命令切换到 HelloWorld.java 文件所在的路径即可。

➲错误信息提示 3：

设置了 PATH 和 CLASSPATH 环境变量后，编译 HelloWorld.java 源程序，提示：

```
Public class helloworld must be defined in a file called "HelloWorld.java".
```

原因：可能是 HelloWorld.java 保存时存盘文件名大小写错误。

解释：如果定义的类是 public 类（公有类），那么存储的文件名必须与类名一致（字母大小写必须完全相同）。

➲错误信息提示 4：

设置了 PATH 和 CLASSPATH 环境变量后，运行> java HelloWorld，提示：

```
Exception in thread "main" java.lang.NoClassDefFoundError: HelloWorld
```

原因：CLASSPATH 环境变量设置错误。

解释：在环境变量中没有加上.（句点），例如：.；C：\JDK1.5\lib\tools.jar；……

➲错误信息提示 5：

```
variable a might not have been initialized
```

原因：局部变量没有初始化。

解释：使用 Java 基本(原始)数据类型时，局部变量的值必须赋值。如果没有对其正常赋值，程序便不能通过编译。例如下面的错误代码：

```
int a;
int num=3;
if(num>0)   a=num;
else{   System.out.println(a);   }   //此处 a 可能没有值
```

➲错误信息提示 6：

```
Exception in thread "main" java.lang.NullPointerException
```

原因：空指针异常，引用型变量没有初始化或赋值。

解释：空指针异常主要跟与对象的操作相关，当应用程序试图在需要对象的地方使用 null 时，则抛出该异常。Java 中的变量按定义的作用域可分为局部和全局两种，全局变量又包括类变量和实例变量。Java 规定，全局变量有其默认值，而局部变量必须初始化，如果一个引用型的变量没有赋值或初始化，则默认为 null(而局部的引用型的变量设 null 值时必须显示写出)，此时如果试图使用此对象完成功能调用，就会有 NullPointerException 发生。例如下面的错误代码：

```
public static void main(String args[]){
    String str=null;   //str 为局部引用型变量
    System.out.println(str.concat("ok"));   //试图连接生成新字符串
}
```

➲错误信息提示 7：

```
Exception in thread "main" java.lang.ArrayIndexOutOfBoundsException
```

原因：数组下标(索引)值使用错误。

解释：如果数组下标(索引)为负或不存在的值，则为非法下标。例如下面的错误代码：

```
int a[]=new int[10];//定义了有 10 个成员的数组 a，分别是 a[0]~a[9]
a[10]=9; //访问不存在的数组成员
```

# 附录四 Java编程风格

在这里，我们将会学到：

➢ 使用编码规范的意义

➢ Java 代码命名规范

➢ Java 编程风格简述

## 4.1 为什么编码要有规范

随着现代软件技术的发展，软件项目越来越大，软件编程中程序可读性变得越发重要，良好的可读性意味着软件工程具有更好的可扩展性和可维护性。对于现在的程序员来说，最头痛的不是如何使用优良的算法来实现设计，而是如何读懂其他程序员写下的程序代码。这是因为：

- 在一个软件的生命周期中，80%的花费在于维护。
- 随着软件项目越来越大，没有任何一个软件，在其整个开发生命周期中，均由最初的开发人员来维护。

所以，为了让开发团队中的其他程序员尽快而彻底地理解新的代码，参与开发的每个程序员必须遵守一致的编码规范。

每种语言都有自己的编写和注释约定，Java 语言也有自己的编程风格。这里所述的编程风格与规范并非某种强制性的语法规则，只是开发团队成员间的一种约定和建议，并且可能根据开发环境和要求的不同而改变。下面我们给出一些 Java 开发中常见的编程规范和风格供读者参考。

## 4.2 Java 代码命名规范

命名规范主要是指对类、方法和属性等的命名书写格式。

1. 包(Package)

包名的前缀总是全部小写，有时用一个顶级域名(例如 com、edu、gov、net、org 等)后跟机构内部的命名等后缀组成。机构内部命名规范可能以特定目录名的组成来区分部门(department)、项目(project)、机器(machine)或注册名(login names)等。

例如：com. sun. testapp. dto。

2. 类(Class)

类名是一个名词，采用大小写混合的方式，每个单词的首字母大写。类名应简短且富于描述。尽量使用完整单词，避免缩写词(除非该缩写词被更广泛使用，如 URL、HTML)。

例如：String、MyDemo。

3. 接口(Interface)

大小写规则与类名相似。

4. 方法(Method)

方法名是一个动词，采用大小写混合的方式，第一个单词的首字母小写，其后单词的首字母大写。

例如：nextCount()、runFast()。

5. 变量(Variable)

除了变量名外，所有实例，包括类，类常量，均采用大小写混合的方式，第一个单词的首字母小写，其后单词的首字母大写。变量名不应以下划线或美元符号开头，尽管这在语法上是允许的。变量名应简短且富于描述。变量名的选用应该易于记忆，即能够指出其用途。尽量避免单个字符的变量名，除非是一次性的临时变量。临时变量通常被取名为 i,j,k,m 和 n，它们一般用于整型；c,d,e，它们一般用于字符型。

6. 常量(Constant)

类常量和 ANSI 常量的声明，应该全部大写，单词间用下划线隔开(尽量避免 ANSI 常量，容易引起错误)。

例如：

```
static final int MIN_WIDTH = 4;
static final double PI=3.14159165;
```

## 4.3 Java 编程风格简述

1. 方法

方法一般定义为 public。当然，如果方法仅在当前类用到可以定义为 private，而如果希望一个子类沿用这个方法则不同，这时候的方法应定义为 protected。

方法的参数应当以如下方式给出：

public void aMethod(type parameter1, type parameter2, ..., type parametern){}

如果参数过长，也可以断开为几行，应对齐向下排列，如：

```
public void aMethod(type parameter1,
                    type parameter2,
                    ...,
                    type parametern) {}
```

2. 变量

对于变量一般应设为 private，除非希望在类外部访问它。而常量一般声明为 public，因为它通常由类名直接调用。

3. 缩排与换行

每行长度不得超过 80 字符。如果需要折行时，也应当与上一行有共同的缩排距离。缩排一般为 2 个或 4 个空格，也可以使用 Tab 键来缩排。

例如：

条件表达式：

```
if (expr){
    statement1;
    statement2;
} else{
    statement3;
    statement4;
}
```

try-catch 语法：

```
try {
    statements;
} catch (ExceptionClass e) {
    statements;
} finally {
    statements;
}
```

4. 新行

尽量不要在代码中出现空行，每一行最好只阐述一件事情。比如，一行包含一个声明、一个条件语句、一个循环等。

5. 注释

Java 有三种类型的注释：

单行注释：

```
//注释内容 1
```

多行注释：

```
/* 注释内容 1
注释内容 2
 */
```

JavaDoc 注释：

```
/**
 * 注释内容
 */
```

注释应放在它要解释内容附近，这样会让代码更易于理解。

不要注释一些语言的语句功能，例如：

```
i++;//increase  1 to i
```

更不要让自己的代码被注释分割开，例如：

```
for(int i = 1; i <= n; i++)
/* don't place comments where?
they don't belong */
    result *=i;
```

较短的注释可放在被注释代码上下，而长注释则习惯性地放在代码之上，例如：

```
/* Comments can be placed before the
block that is to be commented */
for(int i = 1; i <= n; i++)
    result *=i;
```

或者：

```
for(int i = 1; i <= n; i++){
    result *=i;          //short comments can be placed like this
    tmp++;               //if necessary, they continue here
}
```

JavaDoc 注释的格式请参考附录一。

6. 花括号的位置

花括号位置的问题在 C 编程风格中经常被提出，左括号位置的选择并没有太多技术上的原因，而更多的是个人的喜好。我们建议把左括号放在一行的最后，把右括号放在一行的开始，方法如下：

```
if(x>0){
    System.out.println(x);
}
```

这种括号的布局方法减少了空行的数目，而且没有降低可读性。更主要的是，Java 的开发工具如 JCreator、JBuilder 等在编辑环境中可以很好地支持这种布局样式。

7. 圆括号

在含有多种运算符的表达式中使用圆括号来避免判断运算符优先级问题，是个改善程序可读性的好方法。例如：

```
if (a==b && c==d)        // 应避免
if ((a==b) && (c==d))    // 推荐
```

以上内容部分参考自：

http://www.chinaunix.net

http://java.sun.com/docs/codeconv/html/CodeConvTOC.doc.html

http://morningspace.51.net/

详细内容请参考网站相应文章。

# 附录五 Eclipse与WindowBuilder Pro插件的下载与安装

在这里，我们将会学到：

➢ Eclipse 简介

➢ Eclipse 的下载与安装

➢ WindowBuilder Pro 插件的安装

➢ Eclipse 的基本使用技巧

Eclipse 界面相关操作技巧

## 5.1 Eclipse 简介

Eclipse 是一个可扩展的、开放源代码的、基于 Java 的可扩展开发平台。Eclipse 最初是替代由 IBM 公司开发的商业软件 Visual Age for Java 的下一代 IDE 开发环境的，2001 年 11 月交给非营利软件供应商联盟 Eclipse 基金会(Eclipse Foundation)管理。2003 年，Eclipse 3.0 选择 OSGi 服务平台规范为运行时架构。

就其本身而言，Eclipse 只是一个框架和一组服务，用于通过插件组件构建开发环境。Eclipse 附带了一个标准的插件集，包括了 Java 开发工具(Java Development Tools，JDT)用来支持 Java 功能。还包括插件开发环境(Plug-in Development Environment，PDE)，这个组件主要针对希望扩展 Eclipse 的软件开发人员，允许他们构建与 Eclipse 环境无缝集成的工具，所以在 Eclipse 中每样东西都是插件。尽管 Eclipse 是使用 Java 语言开发的，但它的用途并不限于 Java 语言，也支持诸如 C/C++、COBOL 等编程语言的开发。

Eclipse 是一个很让人着迷的开发环境，它提供的核心框架和可扩展的插件机制给广大的程序员提供了无限的想象和创造空间。目前网上流传着相当丰富且全面的开发插件，但是 Eclipse 已经超越了开发环境的概念，Eclipse 本身就具备资源管理的功能，加上插件，将构成一个丰富多彩的工作环境而不仅是一个 IDE。目前不仅 Java 方向的开发，即使微软也效仿 Eclipse 推出了 Visual Studio 2008 Shell 平台，并在常用的 Visual Studio 2010 中提供了能够在基于 Eclipse 的环境下访问 Visual Studio Team Foundation Server 2010 的工具和插件，所以即使是采用不同的开发平台的每个人都能一起来实现商业目标。可以想象，Eclipse 将成为未来集成的桌面环境。

在 Java IDE 技术方向上，Borland 制作的 JBuilder 在 Swing UI 设计上曾经独占鳌头，但是随着轻量级开源框架的流行，“IDE 之王”也逐渐没落。现在无论是客户端应用还是 Java EE 应用，又或者 Android 移动开发等应用，都将 Eclipse 作为开发环境的首选，这也是我们选择 Eclipse 作为本教材开发工具的原因之一。

## 5.2 Eclipse 的下载与安装

Eclipse 在 3.4 版本之前使用著名的科学家伽利略发现的木星卫星作为其版本代号，下面是目前已有的 Eclipse 版本代号：

Eclipse 3.1 版本代号 IO 【木卫 1，伊奥】
Eclipse 3.2 版本代号 Callisto 【木卫四，卡里斯托】
Eclipse 3.3 版本代号 Europa 【木卫二，欧罗巴】
Eclipse 3.4 版本代号 Ganymede 【木卫三，盖尼米德】
Eclipse 3.5 版本代号 Galileo 【伽利略】
Eclipse 3.6 版本代号 Helios 【太阳神】
Eclipse 3.7 版本代号 Indigo 【靛青】
Eclipse 4.2 版本代号 Juno 【朱诺】
Eclipse 4.3 版本代号 Kepler 【开普勒】
Eclipse 4.4 版本代号 luna 【月神，卢娜】
Eclipse 4.5 版本代号 Mars 【火星，马尔斯】
Eclipse 4.6 版本代号 Neon 【霓虹灯，尼昂】
Eclipse 4.7 版本代号 Oxygen 【氧气】

下载网址 http://www.eclipse.org/downloads，每个版本根据内置的包功能不同，又分为不同的开发版本，如图 f5-1 所示。

图 f5-1 Eclipse 的开发版本

Eclipse IDE for Java EE Developers（支持 JavaEE 企业级开发）
Eclipse IDE for Java Developers（普通 Java 开发版本）
Eclipse IDE for C/C++ Developers（C/C++开发版本）

Eclipse for Android Developers(安卓开发版)

对于一般开发,Java Developers就可以了,文件小且功能足够。下载完成后,无须安装解压即可(安装前需要先安装JDK)。本教材选择较稳定的Eclipse 3.5(Galileo),建议对应使用JDK 1.5;Eclipse 4.3(Kepler),建议对应使用JDK 1.6;Eclipse 4.6(Neon),建议对应使用JDK 1.8。Eclipse 4.6(Neon)分为32位和64位版,请注意选择系统对应的版本下载,参考网址:http://www.eclipse.org/downloads/packages/eclipse-ide-java-developers/neon2。在右侧选择32位或64位版,如图f5-2所示。

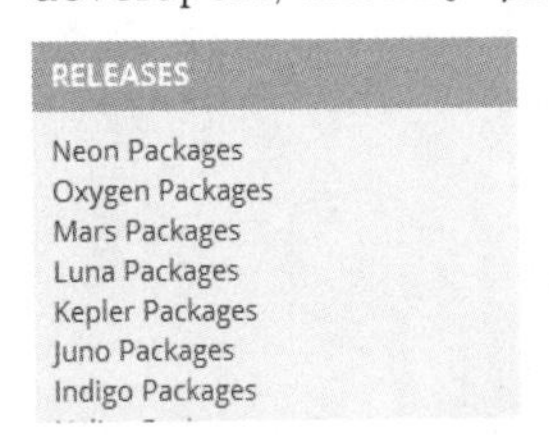

图 f5-2 选择Eclipse Java开发版的对应版本

例如,Eclipse 4.6(Neon)32位下载文件名为:eclipse-java-neon-3-RC2-win32.zip,Eclipse 4.6(Neon)64位下载文件名为:eclipse-java-neon-3-RC2-win32-x86_64.zip,也可以从以下网址http://www.eclipse.org/neon/,选择下载"neon安装版",下载安装完毕后运行它,在线选择相应的版本(如:Eclipse IDE for Java Developers)去安装即可。

# 5.3 WindowBuilder Pro插件简介与安装

## 5.3.1 简 介

若要在Eclipse下进行Swing UI设计,需要安装支持Swing UI设计的插件,目前支持Swing UI设计的主要插件有:

- Visual Editor Project
- WindowBuilder Pro
- Jigloo Swt/Swing Builder
- Visual Swing
- Matisse For MyEclipse Swing UI Designer等。

从安装方便、使用简单、功能强大等角度综合考虑,我们选择WindowBuilder Pro Designer来开发Swing UI。WindowBuilder Pro Designer里面包含了SWT Designer、Swing Designer、GWT Designer等所有插件,是功能十分强大的Swing图形化编程插件。

## 5.3.2 安 装

有两种方式安装WindowBuilder Pro:由MarketPlace下载安装和在线通过更新网址安装。

(1)由MarketPlace下载安装

这种安装方式比较简单,通过Eclipse的【help】|【Eclipse MarketPlace】菜单,输入

WindowBuilder 关键字查询搜索，然后单击“install”按钮安装，如图 f5-3 所示。

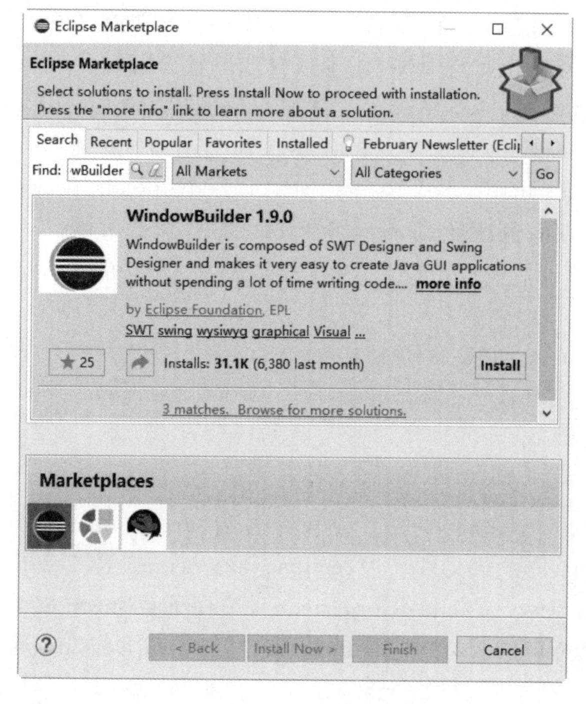


图 f5-3　由 MarketPlace 下载安装

目前我们使用的是 Eclipse 4.6。

(2)在线通过更新网址安装

在搜索引擎中搜索官网 WindowBuilder 下载网址，如：http://www.eclipse.org/windowbuilder/download.php，界面如图 f5-4 所示。

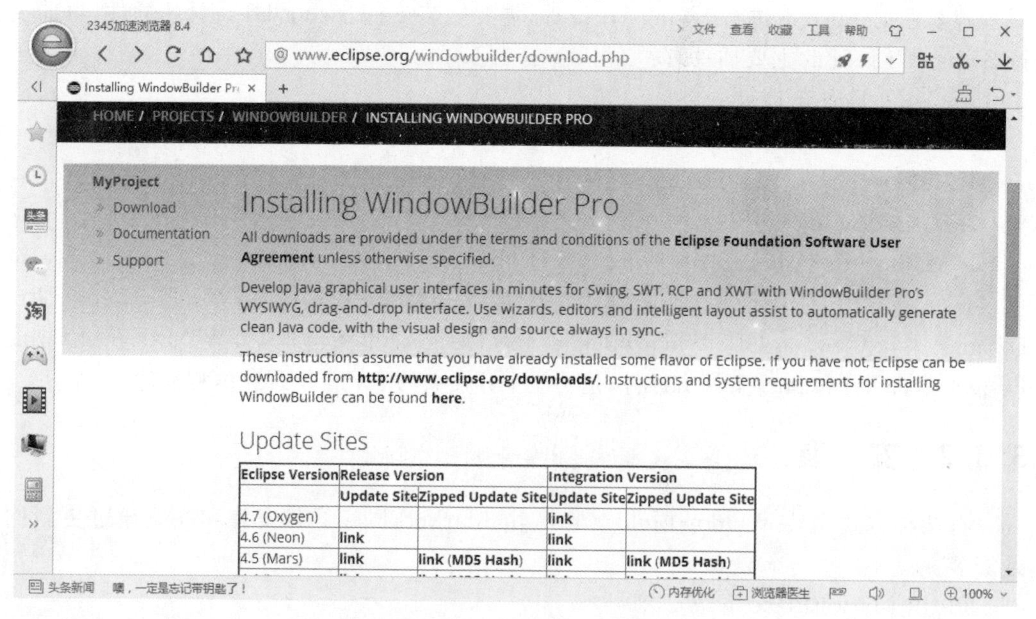


图 f5-4　WindowBuilder 下载网址链接表

在页面中会找到 4.6(Neon)的下载链接地址(link),单击进入,页面如图 f5-5 所示。

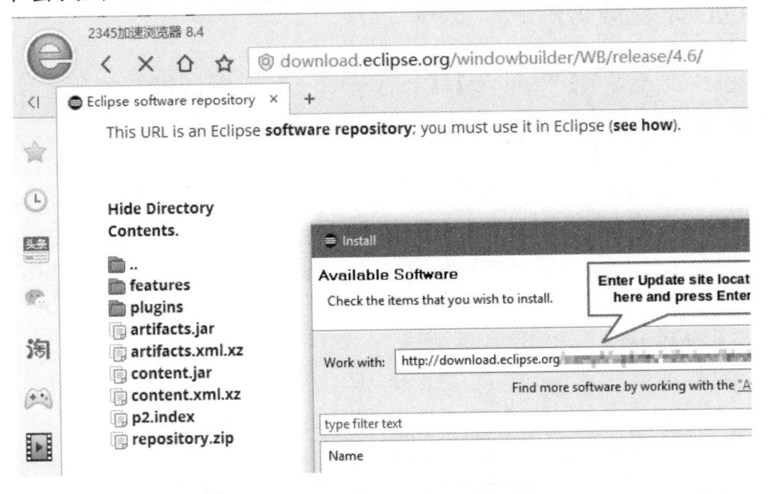


图 f5-5　获取 WindowBuilder 更新网址

将浏览器中的地址(http://download.eclipse.org/windowbuilder/WB/release/4.6/),复制粘贴到如下位置:Eclipse 的【Help】|【Install New Software】下的 install 对话框中的"Work with"文本框中,按回车键确认,即可看到该插件下的可选项目,如图 f5-6 所示。

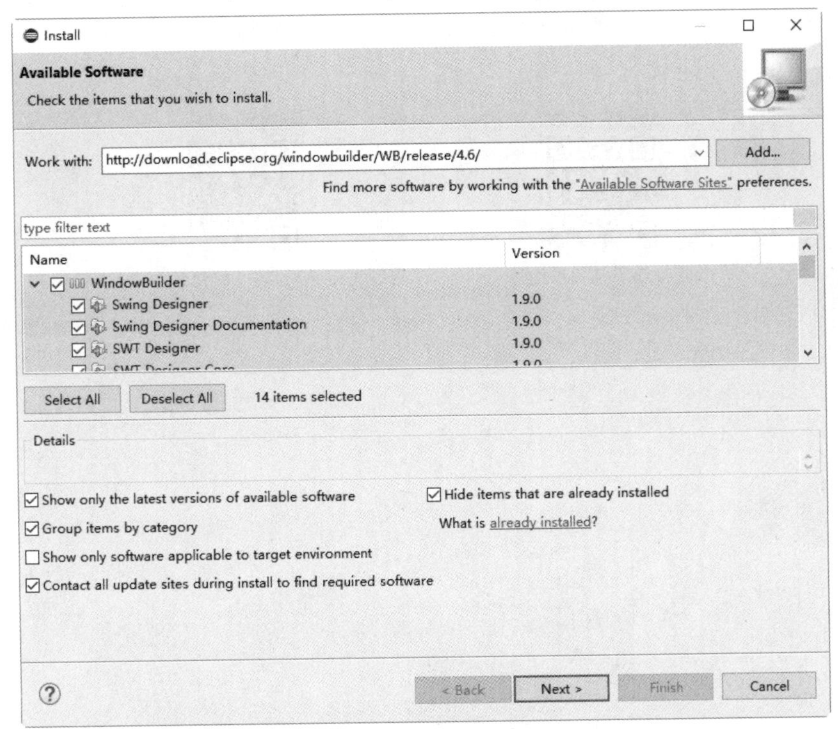


图 f5-6　在线通过更新网址安装

选择插件包中要安装的项目,如 Swing Designer(打钩),然后一直选择"next"按钮,并接受协议后安装,重新启动 Eclipse 即可。

## 5.3.3 验证安装成功

运行 Eclipse，打开菜单【Window】|【Preferences】，在对话框左侧的树形目录中出现 WindowBuilder 的节点信息就说明安装成功了，如图 f5-7 所示。

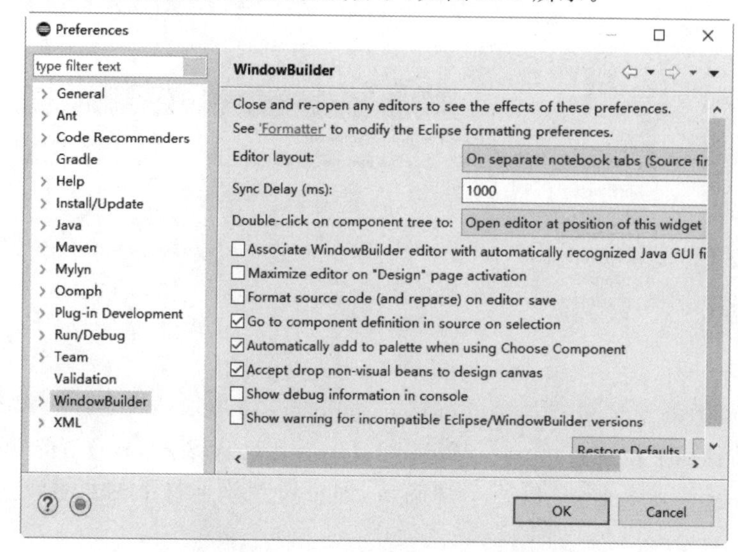


图 f5-7 WindowBuilder 插件安装成功界面

Eclipse 编辑相关操作技巧

Eclipse 代码调试相关技巧

# 附录六 Log4j2的使用

在这里，我们将会学到：

➢ 了解什么是 Log4j2 以及第三方类库的导入方法。

➢ 学习使用 Log4j2 将异常信息写入日志的操作方法。

## 6.1 Log4j2 简介与下载和配置方法

Log4j 是 Apache 的一个开源项目，通过使用 Log4j，我们可以把日志信息输送到控制台、文件、服务器等目的地。Log4j2 相对于 log4j 1. x 性能有了较大提升、配置文件类型由. properties 文件改为采用. xml、. json 或者. jsn 文件。如果已经掌握 Log4j 1. x，使用 Log4j2 还是非常简单的，先看一个示例：

1. Log4j2 类库下载

从官网下载 Log4j2，解压缩后有很多 jar 包，基本上只需要导入下面两个 jar 包：

log4j-core-2. 10. 0. jar

log4j-api-2. 10. 0. jar

2. 在 Eclipse 中配置 Log4j2

（1）在 Java Application 项目中手动添加 jar 包的简单步骤如下：选择 Eclipse 菜单栏中的“Window”→“Preferences”，在打开的对话框中选择以下路径节点：“Java”→“Build Path”→“User Libraries”，单击对话框右侧【New】按钮，在对话框中输入要创建的类库名，例如：log4j2_lib。

（2）单击对话框右侧【Add External JARs】按钮，在类库 log4j2_lib 下添加如下两个类库文件，如图 f6-1 所示。

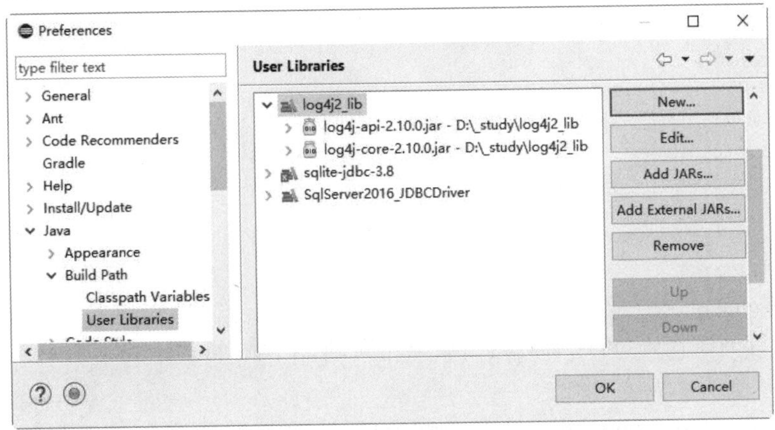


图 f6-1　在 Eclipse 中配置 Log4j2

## 6.2 使用Log4j2将异常信息写入日志

1. 测试代码

新建一个测试类,输入下列代码:

```
Logger logger = LogManager.getLogger(LogManager.ROOT_LOGGER_NAME);
logger.trace("我是 trace 信息");
logger.debug("我是 debug 信息");
logger.info("我是 info 信息"); // info 级别的信息
logger.warn("我是 warn 信息");
logger.error("ERROR,Did it again!"); // error 级别的信息,参数就是你输出的信息
logger.fatal("我是 fatal 信息");
```

输出结果为:

```
ERROR StatusLogger No log4j2 configuration file found. Using default configuration: logging only errors to the console.
20:37:11.965 [main] ERROR  - error level
20:37:11.965 [main] FATAL  - fatal level
```

2. 添加配置文件

从测试结果可以看到Log4j2提示找不到配置文件,不过还是输出了ERROR和FATAL两个级别的信息。

Log4j2默认会在Classpath目录下寻找log4j.json、log4j.jsn、log4j2.xml等名称的文件,如果都没有找到,则会按默认配置输出,也就是输出到控制台。

下面我们按默认配置添加一个log4j2.xml,添加到src根目录即可:

```
<?xml version="1.0" encoding="UTF-8"?>
<Configuration status="WARN">
    <Appenders>
        <Console name="Console" target="SYSTEM_OUT">
            <PatternLayout pattern="%d{HH:mm:ss.SSS} [%t] %-5level %logger{36} -
            %msg%n" />
        </Console>
    </Appenders>
    <Loggers>
        <Root level="error">
            <AppenderRef ref="Console" />
        </Root>
    </Loggers>
</Configuration>
```

重新执行测试代码,可以看到输出结果相同,但是没有再提示找不到配置文件。

3. 配置文件参数解析

上面配置文件中,Appenders可以理解为日志的输出目的地,这里配置了一个类型为Console的Appenders,也就是输出到控制台。Console节点中的PatternLayout定义了

输出日志时的格式：

(1)%d{HH:mm:ss.SSS}表示输出到毫秒的时间。

(2)%t 输出当前线程名称。

(3)%-5level 输出日志缩进位置，-5 表示左对齐并且固定输出 5 个字符，如果不足在右边补 0。

(4)%logger 输出 logger 名称，因为 Root Logger 没有名称，所以没有输出。

(5)%msg 日志文本。

(6)%n 换行。

其他常用的占位符有：

(1)%F 输出所在的类文件名，如 StuLog.java。

(2)%L 输出行号。

(3)%M 输出所在方法名。

(4)%l 输出语句所在的行数，包括类名、方法名、文件名、行数。

最后是 Logger 的配置，这里只配置了一个 Root Logger。

4. 自定义 Logger，增加写入日志文件功能

调用语法为：

```
Logger logger = LogManager.getLogger("log4j2Test.TestLog4j");
```

这行语法中的 logger 从获取 Root Logger 改为尝试获得一个名称为"log4j2Test.TestLog4j"的 Logger。

下面修改配置文件如下，可以将日志信息将输出到文件中去：

```
<?xml version="1.0" encoding="UTF-8"?>
<Configuration status="INFO">
<Appenders>
<Console name="Console" target="SYSTEM_OUT">
<PatternLayout pattern="%d{HH:mm:ss.SSS} [%t] %-5level %logger{36} - %msg%n" />
</Console>
<File name="MyFile" fileName="logs/app.log">
<PatternLayout pattern="%d{HH:mm:ss.SSS} [%t] %-5level %logger{36} - %msg%n" />
</File>
</Appenders>
<Loggers>
<Logger name="log4j2Test.TestLog4j" level="trace" additivity="false">
<AppenderRef ref="MyFile" />
</Logger>
<Root level="error">
<AppenderRef ref="Console" />
<!--<AppenderRef ref="MyFile" /> -->
</Root>
</Loggers>
</Configuration>
```

【代码说明】

1. 若是 additivity 设为 false,则子 Logger 只会在自己的 Appenders 里输出,不会在 Root Logger 的 Appenders 里输出。

2. 若 Eclipse 项目无日志文件或日志文件中无相应信息,刷新项目即可显示。配置与运行效果如图 f6-2 所示。

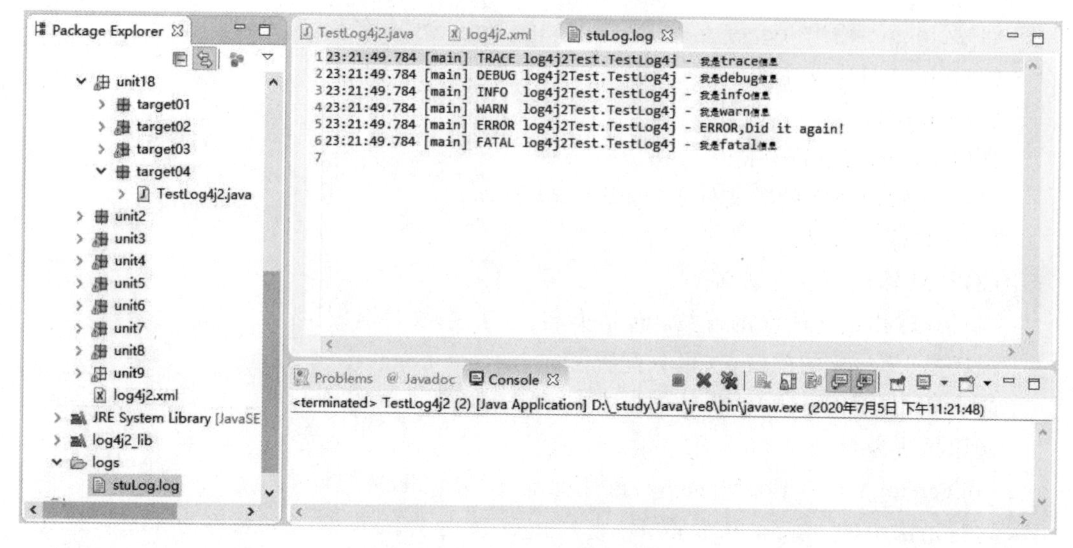


图 f6-2 使用 Log4j2 将信息写入日志运行效果

# 附录七 使用JUnit进行单元测试

在这里，我们将会学到：

➢ 掌握 Eclipse 下配置 JUnit 类库的方法；

➢ 掌握 Eclipse 下编写测试用例及测试的步骤。

1. 了解单元测试工具 JUnit

JUnit 是一个开源的单元测试框架，是由程序员进行白盒测试的工具。

它包括以下特性：

(1)用于测试期望结果的断言(Assertion)；

(2)用于共享共同测试数据的测试工具；

(3)用于方便组织和运行测试的测试套件；

(4)图形和文本的测试运行器。

JUnit 是在极限编程和重构(refactor)中被极力推荐使用的工具，因为在这些情况下进行自动单元测试可以极大提高开发效率。所以 JUnit 有如下优点：

(1)在极限编程中，编写代码和编写测试都是增量式的，写一点测试一点，这样在编写代码时发现问题可以较快地追踪到出错的原因，减少回归测试中的纠错难度；

(2)代码重构时也要求是增量式的，写一点测试一点，以减少纠错难度；

(3)在其他需要编写测试的地方，因为 JUnit 有断言功能，如果哪个测试不通过，可以通过它来进行判断结果是否正确就可以了，一般可以大大提高工作效率。

2. 使用 JUnit 编写测试用例

在 Eclipse 中使用 JUnit 编写测试用例及运行的过程如下：

(1)在 Eclipse 项目中建立一个包(例如 unit36. target02)，创建一个类 Hello，书写代码如下：

**Hello. java 程序代码**

```
package unit36. target02;
public class Hello {
  public int sum(int x,int y){
    return x+y;
  }
  public static void main(String[] args) {
  }
}
```

(2)右击 Hello.java 文件,在弹出菜单中选择 New→JUnit Test Case,创建一个测试用例,如图 f7-1 所示。

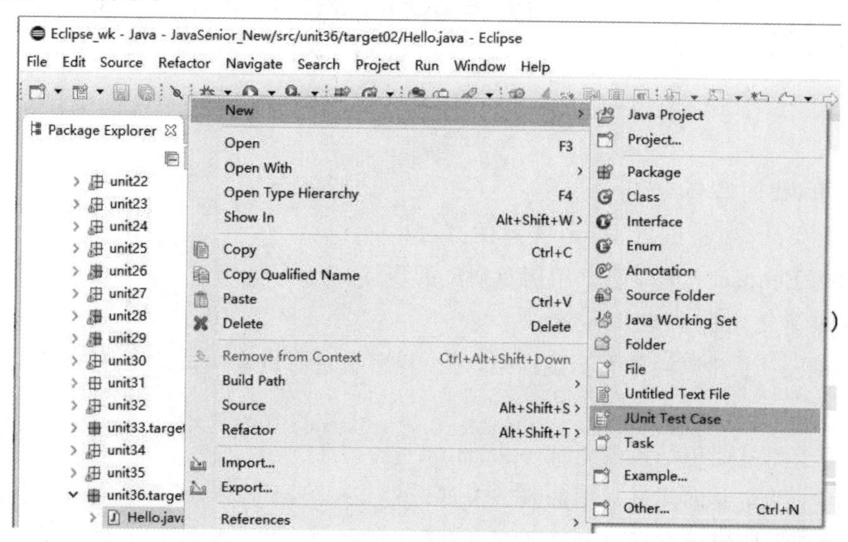


图 f7-1 建立测试用例-1

在弹出窗口中命名测试用例类名称,并选择 setUp()和 tearDown()方法,如图 f7-2 所示。单击【Next】按钮,在可用的方法框中选择 Hello 类中定义的 sum()方法,如图 f7-3 所示。

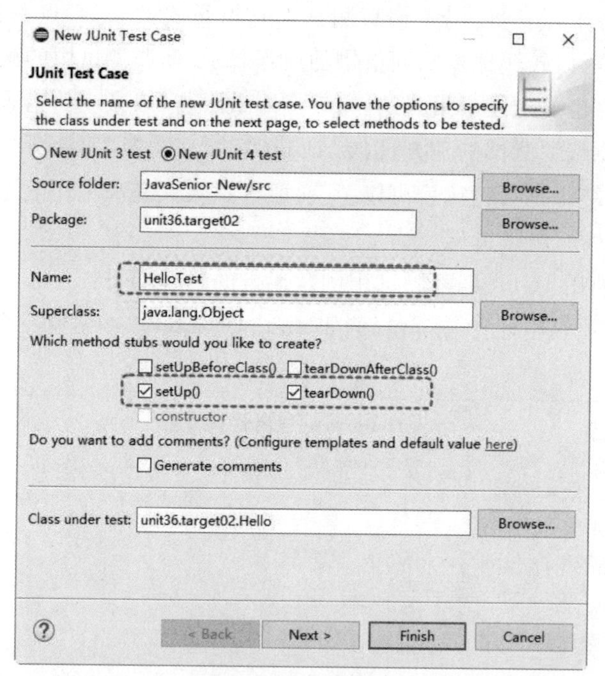


图 f7-2 建立测试用例-2

其中,setUp()主要实现测试前的初始化工作,而 tearDown()则主要实现测试完成后的垃圾回收等工作。

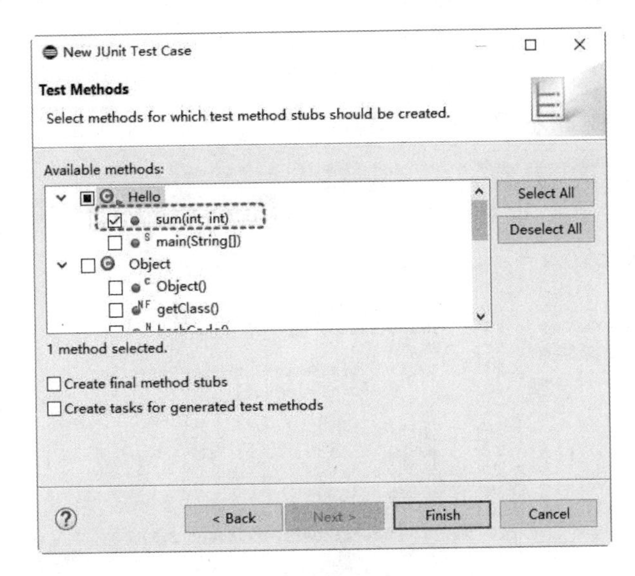


图 f7-3　建立测试用例-3

单击【Finish】按钮，添加 JUnit4 类库，如图 f7-4 所示。

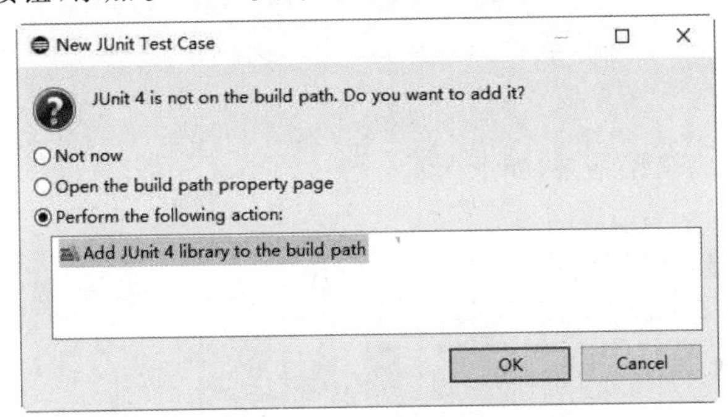


图 f7-4　建立测试用例-4

最后生成的 HelloTest. java 类如图 f7-5 所示，同时 JUnit4 类库自动导入项目中。

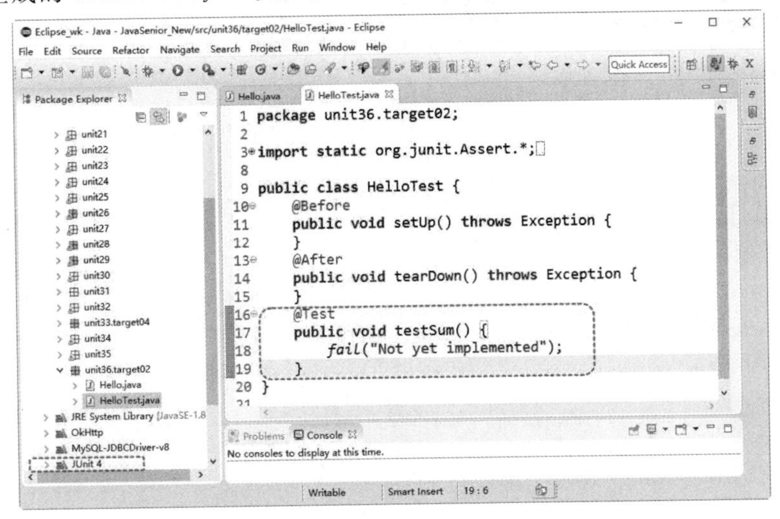


图 f7-5　建立测试用例-5

(3)编写测试用例代码,如图 f7-6 所示,在第 20 行增加一个断言(Assert)。

assertEquals(hello. sum(3,5),8);

运行并测试结果,在左侧的 JUnit 视图中可以看到测试结果是正确的。

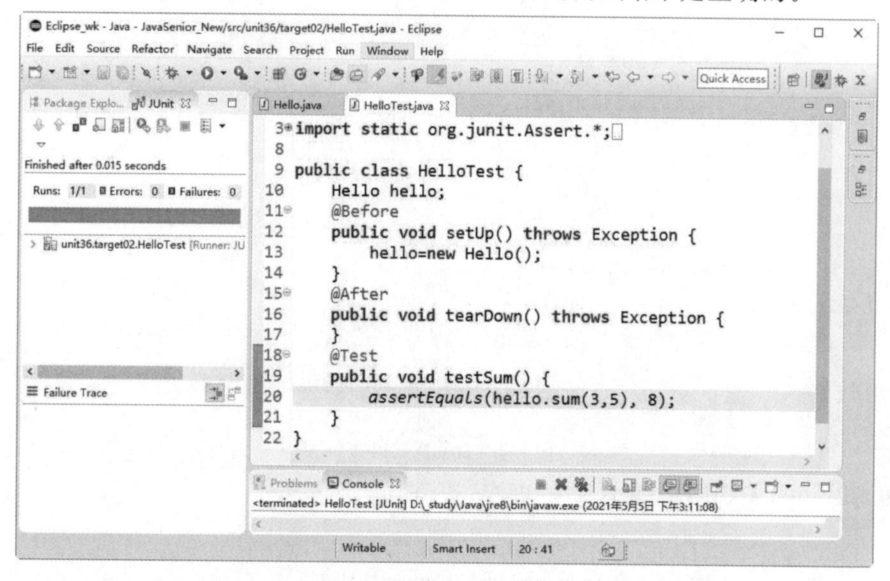


图 f7-6 编写测试代码并运行正确

(4)若修改断言为错误结果,如下所示:

assertEquals(hello. sum(3,5), 7);

运行测试后会显示错误信息,如图 f7-7 所示。

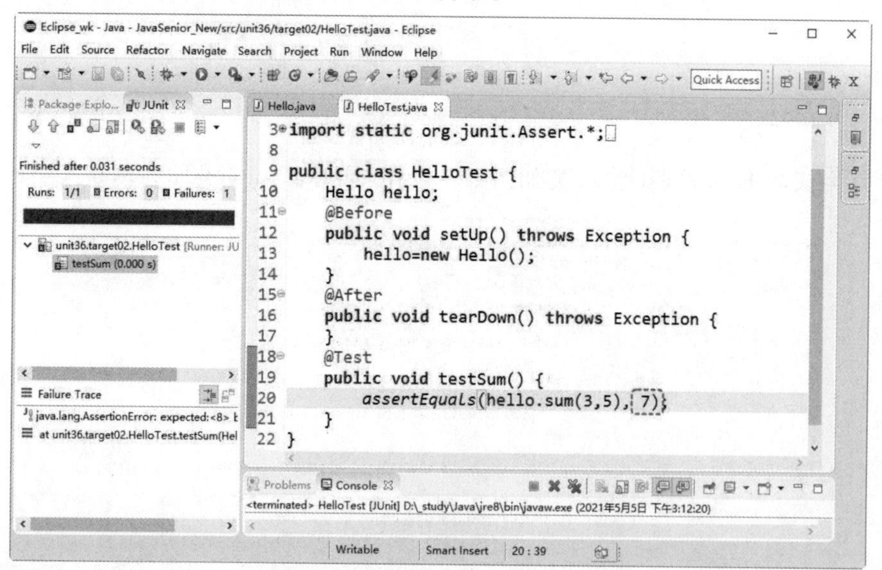


图 f7-7 运行错误效果图

# 附录八 理论教材课后选择题答案

第 1 章

| | | | |
|---|---|---|---|
| 1. A | 2. D | 3. C | 4. BC |

第 2 章

| | | | |
|---|---|---|---|
| 1. B | 2. C | 3. C | 4. C |

第 3 章

| | | | |
|---|---|---|---|
| 1. C | 2. B | 3. D | 4. D |

第 4 章

| | | | |
|---|---|---|---|
| 1. D | 2. B | 3. D | 4. A |

第 5 章

| | | | |
|---|---|---|---|
| 1. B | 2. CD | 3. C | 4. D |

第 6 章

| | | | |
|---|---|---|---|
| 1. ABC | 2. C | 3. B | 4. ABC |

第 7 章

| | | | |
|---|---|---|---|
| 1. ABC | 2. ABCD | 3. BC | 4. BC |

第 8 章

| | | | |
|---|---|---|---|
| 1. B | 2. D | 3. D | 4. A |

第 9 章

| | | | |
|---|---|---|---|
| 1. D | 2. C | 3. B | 4. CD |

第 10 章

| | | | |
|---|---|---|---|
| 1. A | 2. B | 3. B | 4. AC |

第 11 章

| | | | |
|---|---|---|---|
| 1. C | 2. D | 3. B | 4. AB |

第 12 章

| | | | |
|---|---|---|---|
| 1. AD | 2. CD | 3. BD | 4. A |

第 13 章

| | | | |
|---|---|---|---|
| 1. AB | 2. B | 3. ABC | 4. A |

第 14 章

| | | | |
|---|---|---|---|
| 1. A | 2. B | 3. B | 4. C |

第 15 章

| | | | |
|---|---|---|---|
| 1. D | 2. ADCB | 3. B | 4. BC |